航天型号软件
可靠性安全性设计

宋晓秋　祝　宇　朱盛录　杨　波　周志清　编著

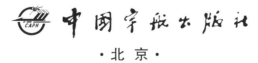

中国宇航出版社

·北京·

图书在版编目（ＣＩＰ）数据

航天型号软件可靠性安全性设计 / 宋晓秋等编著
. -- 北京 ：中国宇航出版社，2021.8
　ISBN 978 - 7 - 5159 - 1967 - 6

　Ⅰ.①航… Ⅱ.①宋… Ⅲ.①航天－软件可靠性－安
全设计－研究 Ⅳ.①V4 - 39

中国版本图书馆 CIP 数据核字(2021)第 171136 号

责任编辑	侯丽平		封面设计	宇星文化

出 版
发 行 中国宇航出版社

社 址	北京市阜成路 8 号 **邮 编** 100830	版 次	2021 年 8 月第 1 版
	(010)60286808　　(010)68768548		2021 年 8 月第 1 次印刷
网 址	www.caphbook.com	规 格	787×1092
经 销	新华书店	开 本	1/16
发行部	(010)60286888　　(010)68371900	印 张	7.75
	(010)60286887　　(010)60286804(传真)	字 数	189 千字
零售店	读者服务部　　　(010)68371105	书 号	ISBN 978 - 7 - 5159 - 1967 - 6
承 印	天津画中画印刷有限公司	定 价	68.00 元

本书如有印装质量问题，可与发行部联系调换

前　言

　　可靠性和安全性是航天型号软件的重要质量特性。20 世纪 90 年代，中国航天率先借鉴国外先进经验，在航天型号软件中引入了可靠性和安全性的概念。

　　在工程实践的初期，出现了许多针对软件可靠性的质疑："软件在一组条件下的运行，如果是对的，则永远是对的，何来可靠性之说？"随着实践的深入，事实的回答是："对认为已满足了功能和性能要求的软件，为何有的软件在实际运行中会经常出错？追其原因，都是对运行中的异常操作、异常输入、异常事件无防范处理措施导致的，诸如人机交互软件遇到误操作经常死机，通信软件遇到外界干扰经常瘫痪等，这能说不是软件可靠性的问题吗？"与此同时，也出现了许多针对软件安全性的质疑："软件只是代码程序和相应文档，软件的结果只有对与错，何来安全性之说？"随着实践的深入，事实的回答是："对实时嵌入式软件而言，软件的指令直接控制着硬件的动作，如果软件不对所控制硬件的指令进行安全性保护，有何信心保证系统是安全的？由于软件的错误造成重大财产损失、严重人员伤亡的事例屡见不鲜，这能说软件没有安全性的问题吗？"

　　1997 年我国制定并发布了 GJB/Z 102—1997《军用软件可靠性和安全性设计准则》，2012 年，结合国内外软件可靠性和安全性研究和实践的现状，对 GJB/Z 102—1997 进行了修订，补充了国内外相关研究成果和优秀实践，形成了 GJB/Z 102A—2012《军用软件安全性设计指南》。GJB/Z 102A—2012 中的许多设计要求既是软件安全性设计准则，也是软件可靠性设计准则，实际工程中通常统称为软件可靠性安全性设计准则。

　　本书是对 GJB/Z 102A—2012 在航天型号软件中工程实践的经验总结，也是对 GJB/Z 102A—2012 的工程要点释义，是深刻领会与贯彻执行 GJB/Z 102A—2012 的辅助教材。

　　本书的第 1 章是基础术语与基本概念，第 2 章至第 14 章是对应于 GJB/Z 102A—2012 的具体设计要求与设计方法，第 2 章是配合硬件或系统设计的考虑事项，第 3 章是容错和容失效的设计，第 4 章是接口设计，第 5 章是通信设计，第 6 章是数据安全性设计，第 7 章是中断设计，第 8 章是模块设计，第 9 章是定时、吞吐量和规模的余量设计，第 10 章是防错设计，第 11 章是自检查设计，第 12 章是异常保护设计，第 13 章是软件实现，第

14 章是代码验证,第 15 章是软件工程中可靠性安全性的一般要求,附录 A 介绍了一个软件异常退出的技术分析典型案例,附录 B 介绍了软件可靠性安全性设计全视角知识系统,附录 C 介绍了软件可靠性量化指标评估。

由于作者水平有限,加之时间仓促,疏漏之处在所难免,敬请广大读者批评指正。

作　者

2021 年 8 月

目　录

第1章　基础术语与基本概念

1.1　软件可靠性相关术语及其相互关系

（1）基本术语

故障（Fault）、失效（Failure）、差错（Error）、缺陷（Defect）、失误（Mistake）、隐错（Bug）等，在不同标准、书籍、文献中有着不同的定义与解释，通常结合上下文来理解。

（2）相互关系

对于差错（Error）、故障（Fault）和失效（Failure）之间的关系，在 IEEE 的标准中解释为：

> 差错（Error）→故障（Fault）→失效（Failure）

而在 IEC 1580 中解释为：

> 故障（Fault）→差错（Error）→失效（Failure）

在军工领域，软件故障、失效、差错、失误、缺陷、隐错之间的关系如图 1-1 所示。

图 1-1　软件故障、失效、差错、失误、缺陷、隐错之间的关系

1.2　软件可靠性的概念

（1）软件可靠性的定义

1）通常的软件可靠性定义：在规定条件下，软件实现规定功能的能力。

2）GJB 5236—2004《军用软件质量度量》中的软件可靠性定义：在指定条件下使用时，软件产品维持规定的性能级别的能力。

（2）软件可靠性的子特性

GJB 5236—2004《军用软件质量度量》中定义了如下四个软件可靠性的子特性：

1）成熟性：软件产品为避免由软件故障而导致失效的能力。

2）容错性：在软件出现故障或者违反指定接口的情况下，软件产品维持规定的性能级别的能力。

3）易恢复性：在失效发生的情况下，软件产品重建规定的性能级别并恢复受直接影响的数据的能力。

4）依从性：软件产品遵循与可靠性相关的标准、约定或法规的能力。

（3）软件可靠性的核心内涵

通俗来说，软件可靠性就是指软件在使用环境下无故障运行的能力，其核心内涵包括以下四个方面：

1）成熟性：软件避免故障的能力。

2）容错性：软件出现故障避免失效的能力。

3）易恢复性：软件失效而重新恢复正常的能力。

4）依从性：软件对标准规范的遵循能力。

1.3　软件安全性的概念

在英文中，security 和 safety 两个词翻译过来都是安全性，但内涵是不一样的。为了区分其含义，有如下对应的翻译：

1）security：保密安全性，安全保密性，外安全等。

2）safety：功能安全性，安全功能性，内安全等。

软件功能安全性（software safety）的定义：

1）GJB/Z 102A—2012《军用软件安全性设计指南》中软件功能安全性的定义：软件运行不引起系统事故的能力。

2）其他书籍中软件功能安全性的定义：对由于软件的缺陷造成人员伤亡、财产损失等危险事件的防范能力。

1.4　软件可靠性与软件安全性的关系

软件可靠性关心的是降低软件失效率。软件安全性关心的是避免导致系统灾难的软件失效。可靠未必安全，安全未必可靠。

对于软件的设计和实现而言，软件可靠性和软件安全性的具体保证措施往往难以区分，通常会合称为软件可靠性安全性设计、软件可靠性安全性编码等。

第 2 章　配合硬件或系统设计的考虑事项

2.1　嵌入式系统掉电防护的设计

系统掉电防护设计的目的是：采用一种机制，使得系统在意外失去供电的情况下，可以保证系统运行状态的确定性以及记录数据的完整性；当系统供电恢复后，现场数据可以及时恢复，避免应用系统产生混乱。总而言之，掉电防护程序的主要思路就是：产生掉电信号，捕捉掉电信号，保存现场数据以用于供电恢复后的现场恢复。

程序运行中的数据往往暂存于易失性存储空间中，如 SDRAM，一旦系统意外掉电，这些数据将丢失。而 Flash 作为一种非易失性存储器，常常用于存放系统掉电后需要保存的关键数据。

嵌入式系统掉电防护设计要求如下：

1）掉电保护的硬件设计要求：掉电时要保证 Δt 的最小系统工作时间。

2）掉电处理的软件设计要求：利用中断信号响应程序保存关键现场数据。

3）要知道是正常的启动，还是掉电后重新恢复供电的启动，以及供电恢复后的现场设计。

2.2　嵌入式系统加电自检的设计

嵌入式系统加电后应由软件首先进行加电自检，加电自检的检查项、检查方法、判别条件、处理结果等，必须作为嵌入式软件的独立功能进行分析、设计、测试和验证。

1）加电自检的检查项可依据系统的针对性需求自行确定，通常对存储器、定时器、通信口、AD/DA 转换模块等进行检测。

2）对具有相互影响的检查项，其检查顺序往往要认真分析与设计，以确保提示的故障信息能够准确定位到故障源。

3）检查项的检查结果可分为正常、降级、故障，降级是需要结合系统需求进行认真分析的，有些情况下是必需的。

软件加电自检程序通常的缺陷模式是误报和漏报，误报通常很容易被发现，而漏报往往隐蔽得很深。

▶ 典型案例

发控软件控制导弹加电到发送弹上自检指令的时间间隔，与甲型导弹自检所需时间不匹配，导致弹上计算机收到自检命令后向弹上各设备取自检结果时，弹上各设备尚未完成自检，从而被判为自检故障。

2.3　嵌入式系统抗电磁干扰的设计

嵌入式系统抗电磁干扰的设计包括硬件的设计和软件的设计。硬件的设计有许多专业的技术手段，软件的设计主要是防范由于电磁干扰致使 CPU 读指令时出现错误而导致程序跑飞，以下为通常的防范手段。

（1）指令冗余措施

CPU 取指令是先取指令操作码，再取操作数。对于双字节及多字节指令，当 PC（Program Counter，程序计数器）受干扰出现错误，程序就会脱离正常执行顺序开始"跑飞"，如果恰巧落到某条双字节指令或多字节指令的后部，在取指令周期不是取到操作码而是取到操作数，CPU 误将操作数当作操作码执行，此时程序就会失去控制。对于这种情况，采取的指令冗余措施如下：

1）在双字节指令和多字节指令后面插入两条以上的空操作指令 NOP。这样即使"跑飞"的程序落到了操作数上，由于空操作指令 NOP 的存在，可以避免后面的指令再一次被当作操作数来执行，程序将自动纳入正轨。

2）对程序流向起着重要作用的一些指令如 RET、IRET、CALL、LJMP、JC 等，在其前面插入几条 NOP，也可确保这些重要指令的正常执行。

3）作为单字节指令，CPU 则是一次读取并执行的。因此，在编制应用程序时应尽可能多地选用单字节指令，优化应用程序。也可以在关键位置插入一些单字节指令，或将有效的单字节指令重复书写。

（2）软件陷阱措施

当"跑飞"的程序进入如数据区或堆栈区等非指令代码区时，指令冗余无法发挥作用。我们可以采用软件陷阱来拦截"跑飞"的程序，将其重新引向指定位置，使系统复位或进行出错处理。软件陷阱是指用来将程序引向复位入口地址的指令。一般在用户程序之外的 EPROM 空间中的非程序区（包括空闲的地址空间）内填入跳转到复位地址的指令作为软件陷阱。

（3）"看门狗"措施

当"跑飞"的程序在程序指令区内尚未遇到冗余指令之前就自动形成了死循环，软件陷阱也无济于事，此时可以采用"看门狗"来进行防范。

2.4　嵌入式系统的系统不稳定性防范设计

嵌入式系统中的一些硬件，由其本身的物理特性决定了在某些情况下会呈现出不稳定状态。针对这种情况，嵌入式系统的不稳定防范设计如下：

1）嵌入式软件从硬件系统输入数据或信号时，必须在硬件系统稳定的状态期间输入。例如：有些情况下需要先读入硬件系统状态位，判断其处于稳定状态后再读入数据，否则延迟一段时间后再重复判读。

2）嵌入式软件输出数据或信号至硬件系统时，必须在硬件系统稳定的状态期间输出。例如：有些情况下需要第一条控制指令输出后，延迟一段时间等待硬件系统处于稳定状态后，再输出第二条控制指令。

▶ 典型案例 1

模拟器软件在指令发送过程中采用连续发送方式，在上一次数据未发送完成的情况下，又启动了下一次数据发送，最终导致后一帧数据未能正常发出。

▶ 典型案例 2

1）故障现象：在导弹射检过程中，无线电高度表的射检结果异常，射检结果显示频率超差。

2）工作原理：无线电高度表射检时，系统软件控制无线电高度表输出 U_{stg} 电压给微波收发组件，再由微波收发组件经射检线闭环回路输出差拍信号，系统软件对差拍信号进行采样，检测差拍信号的幅度及频率是否正常。

3）问题原因：无线电高度表输出 U_{stg} 电压给微波收发组件，到微波收发组件输出差拍信号，存在时间延迟。系统软件从控制输出 U_{stg} 电压，到对差拍信号进行采样，之间没有进行延迟，导致采样的差拍信号不稳定，无法满足检测门限要求。

4）修改措施：控制输出 U_{stg} 电压后，增加 2 ms 的延迟，然后再对差拍信号进行采样。

2.5　嵌入式系统接口故障的防范设计

嵌入式软件的输入输出接口在某些异常情况下会出现一些典型的故障模式，嵌入式软件应能对可能的故障进行识别和处理。

输入输出接口的通信信号类型通常包括：信号量、开关量、模拟量、数字量。这 4 种通信信号类型的典型故障模式如下：

1）信号量的典型体现是外部中断，其故障模式主要是误中断或漏中断。

2）开关量的典型体现是状态端口地址的读写，其故障模式主要是异常状态。

3）模拟量的典型体现是 AD/DA（模数/数模转换），其故障模式主要是异常数据。

4）数字量的典型体现是 RS-422、RS-485、以太网等通信，其故障模式主要是误码和非法数据。

2.6 嵌入式系统剔除干扰信号的设计

嵌入式系统在信号处理中对干扰信号的剔除，需要通过软件对接收的数字信号进行数字滤波处理。事实上，这已成为嵌入式信号处理软件的常规必备功能了。系统设计人员依据有用信号以及噪声信号的频率特性，设计有效的数字滤波算法，以满足软件的功能需求。

所谓数字滤波，就是通过一定的程序计算处理，减小干扰信号在有用信号中的比重。数字滤波器克服了模拟滤波器的许多不足，它与模拟滤波器相比有以下优点：

1）模拟滤波器通常是各通道专用，而数字滤波器则可多通道共享，从而降低了成本。

2）数字滤波器是用软件实现的，不需要增加硬件设备，因而可靠性高、稳定性好，不存在阻抗匹配问题。

3）数字滤波器可以对频率很低的信号进行滤波，而模拟滤波器由于受电容容量的限制，信号频率不可能太低。

4）数字滤波器可以根据信号的不同，采用不同的滤波方法或滤波参数，具有灵活、方便、功能强的特点。

▶ 典型案例 1

伺服系统加高压、断高压对发射机的电源监测信号会产生瞬时尖峰脉冲干扰，而软件没有采取相应的剔除干扰信号的判别处理，导致误判为雷达故障。

▶ 典型案例 2

1）故障现象：导弹综合检查测试时，测试设备显示天线调转不正常，雷达报"伺服不到位"故障。

2）工作原理：雷达天线调转测试时，雷达天线从正45°向右边界转动，转动过程中雷达射检软件实时监测雷达天线测角，判断是否到达右边界，在规定时间内如果未到达右边界，则报"伺服不到位"故障。

3）问题原因：由于外界特殊环境的影响，雷达天线测角出现了一根较大的毛刺，因雷达射检软件无剔野值功能，导致雷达天线位置判断错误。

4）修改措施：增加剔野值功能，如果当前测量值与上一次测量值的绝对差值大于0.5°，则认为当前测量值为野值，测量结果保持为上一次的测量值。

2.7 嵌入式系统错误操作的防范设计

嵌入式系统中有许多供操作员操作的开关、按钮、操作杆等，嵌入式软件应协助硬件对操作安全性进行有效控制。

1）嵌入式软件应具有危险操作的判断能力，通常是针对事件顺序、数据范围、系统状态等进行安全性判断。

2）嵌入式软件应具有危险操作的处理能力，通常通过拒绝执行和错误报警等方式对危险操作进行有效处理。

3）如果嵌入式软件本身具有人机交互界面，则应遵循软件人机交互界面的防错、容错、纠错相关设计准则。

2.8　嵌入式系统机械限位控制的设计

对于嵌入式系统所控制的机械硬件设备，当设备动作由嵌入式软件的输出所控制时，对输出信号的安全性控制有如下几类：

1）对机械硬件设备运动位置的安全性控制，例如，发射转台转角的最大限界控制。

2）对机械硬件设备运动速度的安全性控制，例如，发射转台转速的最大限界控制。

3）对机械硬件设备运动稳定性的安全性控制，例如，不允许发射转台有突变动作。

第 3 章　容错和容失效的设计

3.1　软件安全关键功能的冗余设计

为了保证软件安全关键功能的正常运行，通常采用对软件安全关键功能单元或部件进行冗余设计。

1) 如单元或部件是否工作正常能够自身判断，则可采用双冗余设计来实现，一旦发现某一单元或部件工作异常，马上切换到另一备份的单元或部件继续正常工作。

2) 如单元或部件是否工作正常不能自身判断，则可采用三冗余设计来实现，通过对三个单元或部件运行结果的三取二裁决，来保证软件安全关键功能的正常工作。

软件的冗余设计与硬件的冗余设计有着本质区别，两个同样的硬件产品进行冗余是有意义的，而两个同样的软件产品进行冗余则毫无意义。软件冗余容的是异因失效，而容不了共因失效。通俗举例来说，如果两个完全相同的程序模块冗余，一个程序模块失效，则另一个也一定失效，冗余毫无意义，而如果一个程序模块是 C 语言编写的，另一个程序模块是汇编语言编写的，则冗余是有意义的。

3.2　防漏与防误的混联冗余设计

对于软件安全关键功能，该工作而没工作为"漏"，不该工作而工作为"误"。

1) 软件安全关键功能的防漏设计，通常是通过并联冗余设计予以实现的。

2) 软件安全关键功能的防误设计，通常是通过串联冗余设计予以实现的。

3) 实际中通常是通过混联的冗余设计而综合权衡考虑的，例如，如果防漏与防误没有倾向性，则三次中有二次就认可；如果防漏优先，则三次中有一次就认可；如果防误优先，则三次中连续有二次才认可，或最严的，连续三次才认可。

3.3　软件的故障/失效检测、隔离和恢复设计

软件的故障/失效检测、隔离和恢复（Fault/Failure Detection，Isolation，and Recovery，FDIR）对于软件而言主要体现在：

1) 对系统进行有效的机内自测试（Build - in Test，BIT）和实时监测（Real Time Monitoring，RTM）。

2) 发现故障后上报并显示唯一故障码，停止受故障影响的相关功能，控制故障不向

外扩散传播。

3）发现故障/失效已致使软件无法正常运行时，可采用硬复位或软复位对软件系统进行复位。

▶ 典型案例

1）故障现象：在综合测试中，自动化测试系统与技术阵地专用电源建立 RS－422 串口通信连接时，测试软件报"发送 0x41 命令失败"，导致正常测试流程终止。

2）工作原理：自动化测试系统（简称测试系统）与技术阵地专用电源（简称电源）的通信协议为：

- 测试系统向电源发送的命令有：
  - ➤ "建立通信连接"命令 0x41。
  - ➤ "打开电源输出"命令 0x4B。
  - ➤ "关闭电源输出"命令 0x4C。
  - ➤ "取消通信连接"命令 0x45。
- 电源收到测试系统的命令后，判断该命令：
  - ➤ 如果已被正常执行过，则向测试系统回馈 0x3C。
  - ➤ 如果未被正常执行过，则执行该命令：
    - ◇ 如果执行正常，则向测试系统回馈 0xE6；
    - ◇ 如果执行异常，则向测试系统回馈 0x3C。
- 测试系统收到电源的回馈帧后，判断帧头、校验和、回馈码：
  - ➤ 如果帧头或校验和错误，则进行重发。
  - ➤ 如果帧头且校验和正常，但回馈码是 0x3C，则报告故障。
  - ➤ 重发最多进行 2 次。

3）问题原因：测试系统向电源发送了"建立通信连接"命令 0x41，电源收到 0x41 命令后正常执行了该命令并向测试系统回馈了 0xE6；由于通信链路的偶然误码，测试系统收到电源的回馈帧后，判断帧头或校验和错误，因此进行了重发；电源收到测试系统的重发命令 0x41 后，判断该命令已被正常执行过，因此向测试系统回馈了 0x3C；测试系统收到电源的回馈帧后，判断回馈码是 0x3C，因此报告了"发送 0x41 命令失败"。问题的根本原因在于，测试系统与电源的通信协议容错性设计有问题，命令已被正常执行过和命令执行异常均回馈 0x3C，造成测试系统对命令执行结果的误判。

3.4　软件对故障的屏蔽设计

软件对故障进行屏蔽，其目的是避免软件故障导致软件失效，通常采用的方法是冗余或降级。当一个软件单元或部件出现故障时，冗余设计能保证系统仍能在原状态下继续工作，降级设计能保证系统能在受限状态下继续工作。

3.5　软件机内自测试的设计

软件机内自测试（Build-in Test，BIT）涉及如下四个方面的考虑：

1）何时测，通常是在开机自检中和实时监测中进行自测试。

2）测什么，通常是对内部（内存、定时器等）和外部（输入输出接口等）的硬件设备进行自测试。

3）如何测，具体的设计方法依据测试内容的不同而各式各样，既要避免误报又要避免漏报，但通常导致漏报的软件缺陷经常未被发现而长期隐藏。

4）怎么办，参见第 3.4 节"软件对故障的屏蔽设计"。

3.6　软件冗余中的多数表决设计

软件冗余的多数表决通常采用如下方法：在 $(2m+1)$ 个相同功能的过程中取 $(m+1)$ 个相同的结果作为最终结果，简称 $(2m+1)$ 取 $(m+1)$。例如，$m=1$ 时，即为 3 取 2；$m=2$ 时，即为 5 取 3。

1）容错数：$(2m+1)$ 取 $(m+1)$ 的容错数为 m，例如，3 取 2 可容 1 个错，5 取 3 可容 2 个错；

2）失效率：假设一个过程的失效率是 λ，不考虑共因失效，$(2m+1)$ 取 $(m+1)$ 的失效率为

$$\lambda_{(m+1)/(2m+1)} = \sum_{i=m+1}^{2m+1} C_{2m+1}^i \lambda^i (1-\lambda)^{2m+1-i}$$

例如，$\lambda=0.005$，则采用 3 取 2 的冗余措施后，$\lambda_{2/3}=0.0000747$，失效率得到大幅降低。

3.7　软件的 N-版本程序设计

软件的 N 个功能相同的独立版本同时运行，通过某种判别方法来决定最终使用谁的运行结果，通常采用的是多数表决方法（参见第 3.6 节"软件冗余中的多数表决设计"）。

软件的 N-版本程序设计一定要保证版本之间的差异性，要利用差异性容错，避免共因失效（参见第 3.1 节"软件安全关键功能的冗余设计"）。差异的类别有：

1）运行平台的差异。

2）操作系统的差异。

3）编程语言的差异。

4）模型算法的差异。

5）设计方法的差异。

6）开发人员的差异。

仅仅是 6）的差异称为随机相异软件。不仅有 6）的差异，而且强制 3）至 5）也有差异，称为强制相异软件。1）和 2）的差异主要是容软件环境的错，而不是容软件本身的错。

3.8　软件的故障封锁区域设计

软件故障封锁即是对软件输入输出的合法性检查，软件故障封锁区域是指输入输出合法性检查的范围。

1）应在封锁区域的边界进行合法性检查，在区域内部视为安全区域，避免在区域内部再进行不必要的重复检查。

2）合法性检查重点排除的是异常数据，判别尺度要适当，避免出现误判。漏判影响安全性，而误判影响可靠性。

故障隔离区域与故障封锁区域非常相似但也有差异，故障隔离区域是故障封锁区域的子集。隔离区域是禁止出入，封锁区域是出入检查，目的都是防止故障扩散传播。

3.9　软件的不同版本冗余设计

软件的不同版本冗余设计与 N -版本程序设计不同，不同版本冗余设计中的各版本其功能和性能不完全相同，而 N -版本程序设计中的各版本其功能和性能完全相同。不同版本冗余设计通常采用两个不同版本的冗余，主版本为正常工作版本，辅版本为应急工作版本，主版本软件一旦发现运行故障，将切换到辅版本软件进行应急处理。主版本要有运行状态的自监测和判别能力，辅版本要有核心安全性的处理与控制能力。

3.10　软件的恢复块设计

软件的恢复块设计与 N -版本程序设计不同，恢复块设计中只有在当前版本（或功能模块）发生故障时，下一版本（或功能模块）才替代运行。软件的恢复块设计也一定要保证版本（或功能模块）之间的差异性，要利用差异性容错，避免共因失效。

N -版本程序设计、恢复块设计、不同版本冗余设计，既类似又有区别。

1）N -版本程序设计：相同功能同时运行。

2）恢复块设计：相同功能顺序运行。

3）不同版本冗余设计：不同功能顺序运行。

3.11　软件功能实现途径的多样性设计

同一功能可能会有不同的实现途径，可以采用实现途径的多样性设计。针对安全关键功能，当某一实现途径出现故障时，可切换到另一实现途径进行补救。通常，正常实现途径是性能最佳的功能实现，后选实现途径是性能损失的功能实现，所以，实现途径的多样性设计往往用于系统的降级处理之中。

例如，转台由 60°按度数递减回 0°时如果出现故障，可以通过按度数递增回 0°（即360°）进行降级补救处理。

3.12　软件模块的自我保护和自我检测设计

软件模块的自我保护和自我检测设计通常体现在：

1）对输入量的合理性检查。例如，C/C＋＋中对指针输入量进行是否为 NULL 的检查。

2）对运算中出现的异常事件进行妥善的处理。例如，运算中的数组越界、被零除、负数开平方根等异常事件。

3）通过输出量或返回值，将模块状态准确地对外通报。例如，C 语言函数运行状态返回标识的设计。

示例解释（函数调用返回的设计）：

（1）返回值方法

可以设置整型函数的返回值，以标识函数的运行状态。

如计算三角形面积的函数可设计为：

```
int TriangleComp(float a, float b, float c, float ∗ s)
{
    int state_flag;
    if (…){//正常时的计算,面积值赋给 ∗ s
        ……
        state_flag = 0;
    } else if (…){//出现边长小于零的情况
        state_flag = − 1;
    } else if (…){//两边之和小于第三边的情况
        state_flag = − 2;
    }else if (…){
        ……
    } else {//其他情况
        state_flag = − 10;
    }
    return(state_flag);
}
```

在调用时可以进行判别，如：

```
float s;
int state_flag;
state_flag = TriangleComp(3,4,5,&s);
if (state_flag<0){
    ……//异常处理,如显示错误后退出等
}else {
    ……//正常处理,如继续进行其他计算等
}
```

（2）调用参数方法

有时返回值需要是非整型的其他类型，这种情况下可以在调用参数中专门设计一个函数运行状态的参数。

如上述计算三角形面积的函数也可设计为：

```
float TriangleComp(float a, float b, float c, int *e)
{
    float s;
    if (…){//正常时的计算,面积值赋给 s 返回
        ……
        s = …;
        *e = 0;
    }else if (…){//出现边长小于零的情况
        s = 0.0;
        *e = -1;
    }else if (…){//两边之和小于第三边的情况
        s = 0.0;
        *e = -2;
    } else if (…){
        ……
    }else{//其他情况
        s = 0.0;
        *e = -10;
    }
    return(s);
}
```

在调用时可以这样进行判别，如：

```
float s;
intstate_flag;
s = TriangleComp(3,4,5,& state_flag);
if (state_flag<0){
    ……//异常处理,如显示错误后退出等
}else{
    ……//正常处理,如继续进行其他计算等
}
```

设计了返回值，调用时必须判别使用。这也是概要设计阶段 SFMEA 的主要分析内容。

第4章　接口设计

4.1　与硬件相关的接口软件设计

4.1.1　软件检测中的硬件反馈回路设计

软件对一些外部设备的检测，往往需要通过外部设备的闭环反馈方式进行。硬件设计中应依据硬件故障/失效模式，结合软件检测要求，提供闭环反馈回路的设计支持。例如，在 AD/DA 的检测中，往往需要进行从 DA 到 AD 的闭环反馈检测。

4.1.2　软件对接口的监测与控制设计

软件应时刻监视安全关键硬件接口的工作状态，并对接口故障进行适时的处理。

1）既要防止漏报，也要防止误报。

2）应区分瞬时故障与持久故障，瞬时故障一般源自于某些偶发因素（如外部干扰等）的瞬时影响，通常采用连续多次判别技术予以剔除。

3）应区分可恢复性故障与不可恢复性故障，可恢复性故障通常可以通过重新初始化、软复位、硬复位等手段消除故障而重新恢复正常。

4.1.3　软件安全关键信息冗余位的设计

软件安全关键信息是指来自外部的安全关键信息，特别是来自外部传感器的核心指令信息。软件安全关键信息冗余位的设计如下：

1）避免使用一位的 0 或 1 指令，例如，1 为发射，0 为不发射。

2）避免使用全 0 或全 1 指令，例如，11 为发射，00 为不发射。

对于上述例子，正确的冗余位指令应设计为：10 为发射，01 为不发射。

4.1.4　通信接口的实时监测设计

通信接口的状态应纳入实时监测的定期检查对象。

1）应采用多次冗余检测技术，例如，连续 5 周期检测为不通，则报告通信接口状态故障。

2）通信接口的监测结果应至少包含三种状态，即正常状态、不稳定状态、故障状态。

3）故障状态应是非保持的，即出现故障状态后，一旦恢复正常，应能取消故障状态。

4.1.5　数据传输报文的设计

数据传输报文的设计应具有误码或错码的容错措施。

1）应使用 CRC 校验，CRC 校验方式有奇偶校验、累加和校验、多项式校验等，在可行的情况下，推荐使用多项式校验。

2）在通信协议中，禁止仅依靠帧头标志和帧尾标志、或仅依靠帧头标志和数据长度单独确定接收数据的长度，应两者结合使用。

3）对帧头、帧尾标志的转义处理，必须考虑数据中出现转义符个数最多的情况，必须考虑校验码恰巧也是转义符的情况。

4.1.6　外部功能对软件安全关键信号的接收设计

对依赖于多个软件安全关键信号的外部功能，其软件安全关键信号的接收不应仅简单地依赖于一个相同信号源。

1）不同的软件安全关键信号宜采用不同的信号源。

2）不同的软件安全关键信号使用相同的信号源时，应强化信号接收安全性的逻辑条件。

4.1.7　接收外部数据时的合理性检查设计

接收外部数据时，应对安全关键数据的合理性进行检查：

1）检查数据值是否在合理的数值范围之内。

2）检查数据值是否满足当前约束条件，包括时间约束条件、状态约束条件等。

3）检查不通过的数据，一种处理方式是当作错误数据拒绝参与后续处理，另一种处理方式是进行纠正后可以参与后续处理。采用哪种处理方式依据具体情况而定。

4.1.8　IO 数据满量程范围的设计

IO 数据满量程范围表示外部物理量的数值范围，通常需要设计某种比例对应关系。

1）AD 输入的满量程范围应包含可达物理范围，而不能是仅仅包含正常物理范围。

2）DA 输出的满量程范围不宜超过正常物理范围，否则输出前应进行限幅处理。

3）将浮点数据转换为整数数据传输时，最小量化单位与数据位长度应综合设计，既要满足精度要求，又要能涵盖数据的合理有效范围。

例如，用 8 位无符号位表示绝对速度，LSB＝2m/s，则可表示的范围是 [0m/s，510m/s]。如果实际最大绝对速度可达 700m/s，则需要增大 LSB 或增大位数。如果位数不变，LSB 增大为 3m/s，则此时可表示的范围是 [0m/s，765m/s]，涵盖了绝对速度的合理有效范围，但付出的代价是降低了精度。

▶ **典型案例**

某型号对温度异常无法报警。其原因在于温度传感器 AD 采样的满量程范围设计成正常工作的温度范围，超出正常温度范围的温度无法采集到，导致系统检测中无法对温度异常进行报警。

4.2　软件程序模块之间的接口设计

软件程序模块之间的接口设计要求如下：

1）程序模块的形参个数与实参个数应一致。

2）程序模块的形参类型与实参类型应一致。

3）程序模块形参的物理含义、单位量纲应明确说明，实参应与之相一致。

4）程序模块不宜过分依赖全局变量、共享变量来实现模块间的数据传递。

5）程序模块不宜设计过多的形参变量，必要时应对过多的形参进行封装。

6）应明确程序模块的输入参数、输出参数、既是输入也是输出的参数，对仅作为输入的参数不应修改。

4.3　人机界面设计

4.3.1　人机交互显示界面的设计

人机交互显示界面的设计要求如下：

1）显示的信息、图标，应准确、清晰、简明、无二义性。

2）显示的颜色、字体、位置，应适应人的视觉感官要求。

3）合理安排页面的显示内容，不宜在一个页面内显示过多的内容。

4）当同样内容的信息出现在不同页面中时，显示信息应保持相互一致。

5）安全关键信息的显示应突出、醒目，必要时应配以闪烁、蜂鸣等手段辅助提示。

6）显示界面的风格格式、信息内容、显示方式、页面组成等，应结合任务需求在需求规格说明中予以明确说明。

示例解释（人机交互误操作的防范）：

1）如图 4-1 所示，【功能 2】键的操作必须是在【功能 1】键的操作通过后方可进行，则当未按【功能 1】键或按后但尚未通过时，【功能 2】键应是不可按的。

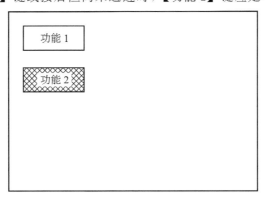

图 4-1　人机交互误操作的防范示例 1

2）如图4-2所示，按【系统退出】键后，应弹出"是否退出？"的再次核实对话框，以免误按【系统退出】键后系统误退出。

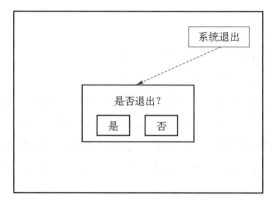

图 4-2　人机交互误操作的防范示例 2

3）如图4-3所示，按【指定日期】键后，一种方式是弹出日历选择框进行点击选择，一种方式是弹出对话框键盘键入数字输入日期，显然前一种方式更可靠，因为后一种方式程序如何判断日期数字的合法性非常困难。

图 4-3　人机交互误操作的防范示例 3

4.3.2　人机接口（CHI）的设计

CHI 的全称为 Computer - Human Interface，人机接口。人机接口的设计有以下原则：

1）至关重要的安全关键性操作，应与硬件开关一起配合使用。

2）软件的安全关键性操作，应屏蔽当前任务下不应进行的操作项。

3）软件的安全关键性操作，应提供再次确认或取消的选项，并将默认选项设置在安全位置。

4）软件安全关键操作后，应有相应的状态提示，使操作者知道操作是否已被软件接受并执行。

5）对于软件安全关键的输入项，对数值输入项应进行取值范围合理性检查，对状态输入项应进行状态关联合理性检查。

6）软件显示界面中应提供表明软件正在正常运行的实时显示标志。

7）对较长时间的处理功能，应在处理期间向操作员提供状态指示。

8）适当组合键的使用，可以提高操作的安全性，降低误操作的风险，但过多组合键的使用将导致使用的复杂性增加并增大了漏操作的风险。

4.3.3　安全状态恢复的设计

操作员进行了一系列操作后，当软件发现进入到了某种潜在不安全状态时：

1）软件应及时提示操作员，并提供操作项使得操作员可控制系统退出潜在不安全状态，并恢复到某一安全状态。

2）对不足以通过操作员反应时间来避免的危险状态，软件应能自行控制系统退出潜在不安全状态，恢复到某一安全状态，并向操作员显示报告。

4.3.4　安全关键操作双重保护的设计

安全关键操作双重保护的设计如下：

1）不同操作员之间的“与”操作。

2）硬件操作与软件操作的“与”操作。

3）具有一定距离的不同按键的“与”操作。

4.3.5　对误操作的防范处理设计

对误操作的防范处理设计如下：

1）通过硬件（如加盖开关）或软件（如不可选菜单、不可点击按钮）措施，屏蔽误操作的来源。

2）通过对操作输入项的逻辑状态检查（如未自检就工作）、数值范围检查（如角度范围）等，将误操作拒之门外。

3）对误操作应有声（如蜂鸣声）、光（如灯闪烁）、图（如叹号图标）、字（如闪烁红色字）等明显的警告提示。

4.3.6　对危险状态报警的设计

对危险状态报警的设计如下：

1）当软件监测到危险状态时，应有声（如蜂鸣声）、光（如灯闪烁）、图（如叹号图标）、字（如闪烁红色字）等明显的警告提示。

2）危险状态的软件报警提示应和正常操作步骤的信息提示有明显的感官区别，应在操作手册中予以明确说明。

3）危险状态的软件报警提示应准确，应对操作员的后续处理有明确清晰的向导性提示。

4）在危险状态消失前，操作员的任何操作都不应导致报警提示的消失。

4.3.7　对故障标识的设计

软件实时运行中，软件的实时监测功能将监测到的系统故障形成通信协议中的故障标识上报并采集记录，针对此项工作的设计要求如下：

1）故障标识码应在系统的 FMEA、FTA 分析基础上，给出尽可能详细的、能定位到具体故障源的故障标识，不能只是正常、报警、故障等笼统的标识。

2）在尚未进行程序设计时，故障标识的表示位要事先预留有充分的余量，在进行了详细的程序设计之后，要尽量利用故障标识将各种可能的故障定位。当用 n 位表示故障时，其能表示的故障个数为 2^{n-1}，其中用全 0 表示正常（也可用全 1 表示正常）。

例如，某系统设有温度实时监测功能。

方法 1：设计了 1 位故障标识位，其中，0 表示温度正常（芯片且加表且陀螺温度正常）；1 表示超温故障（芯片或加表或陀螺温度超温）。这种设计不符合设计准则要求。

方法 2：设计了 3 位故障标识位，其中，第 1 位为 0 表示芯片温度正常，第 1 位为 1 表示芯片温度超温；第 2 位为 0 表示加表温度正常，第 2 位为 1 表示加表温度超温；第 3 位为 0 表示陀螺温度正常，第 3 位为 1 表示陀螺温度超温。这种设计可将超温故障定位到具体故障源，符合设计准则要求。

方法 3：设计了 6 位故障标识位，其中，第 1~2 位为 00 表示芯片温度正常，01 表示芯片温度超低温，10 表示芯片温度超高温，11 表示芯片温度传感器失效；第 3~4 位为 00 表示加表温度正常，01 表示加表温度超低温，10 表示加表温度超高温，11 表示加表温度传感器失效；第 5~6 位为 00 表示陀螺温度正常，01 表示陀螺温度超低温，10 表示陀螺温度超高温，11 表示陀螺温度传感器失效。这种设计定位的具体故障源更细，但需要增加位数。

第 5 章　通信设计

5.1　通信协议的设计

通信协议设计应保证责任明确性和内容协调性，要求如下：

1）责任明确性，必须明确责任主体。通信协议的设计，应由相关软件所属系统的总体负责制定。通信协议的制定者应承担审核会签、批准生效、版本控制的责任。

2）内容协调性，必须兼顾内容相关方。通信协议的设计，应充分征求内容相关方的意见，应以征求意见稿、会议纪要等方式协调通信协议的内容，并通过联合会签方式予以各方认可。

▶ **典型案例**

1）故障现象：模拟飞行测试中，在进行导引头参数预置时，界面显示"导引头参数预置失败"。

2）工作原理：导引头预置参数由综合测试仪发给控制计算机，再由控制计算机发给导引头主控板，再由导引头主控板发给图像处理板，图像处理板将导引头预置参数进行解析处理。

3）问题原因：《导引头主控软件设计技术要求》规定：数据传输时，多字节整型数高字节在前，低字节在后；32 位浮点数低字节在前，高字节在后。《图像处理板设计技术要求》规定：数据传输时，多字节整型数高字节在前，低字节在后。因为《图像处理板设计技术要求》没有对 32 位浮点数高低字节顺序进行特殊规定，图像处理板软件收到导引头主控软件的浮点数后，默认为高字节在前，低字节在后，导致对预置参数的解析错误。

5.2　数据接收方的因素

在制定通信协议时，数据发送方应充分考虑数据接收方的通信周期、数据容量、响应时间等实际数据处理能力，避免将数据发送方的数据处理能力片面地强加于数据接收方。

5.3　数据发送方的因素

在制定通信协议时，数据接收方应充分考虑数据发送方的丢帧、错帧、重帧、误码等各种可能情况，避免仅以数据接收方想当然的正常接收处理流程对数据发送方的发送数据进行以偏概全的处理。

5.4　接口通信协议帧格式设计要求

完整的数据帧一般由帧头、帧号、接收方标志、发送方标志、数据长度、数据内容、校验和、帧尾组成。

1）接收方标志、发送方标志提供了来源去向的信息，有助于接收方对数据帧的核查确认。当一对一通信时，可裁剪省略。

2）帧头、帧尾宜采用多字节标志，以保证其识别唯一性。

3）完整的数据接收，既要以帧头、帧尾作为判别依据，同时也要以数据长度作为判别依据。

4）帧号有助于接收方对是否丢帧、重帧进行判别与处理。

5）校验和有助于接收方对是否传输误码进行判别与处理。

6）与帧头、帧尾标志相同的数据和标志应进行转义处理。

▶ 典型案例

1）故障现象：遥测综测单元进行振动试验时，通信测试的计算机字经上位机数据处理显示后发现有一帧出现跳变。

2）工作原理：测试台向遥测综测单元发出计算机字（A），遥测综测单元收到计算机字（A）后进行组帧编码形成计算机字（B）发给上位机，上位机对收到的计算机字（B）进行处理显示。

3）问题原因：一帧计算机字（B）共33个字节，以"EB 90"结束，帧结束后与帧开始前以"14 6F"进行填充。试验中，计算机字（B）帧结束前的数据中恰巧有与帧结束标志相同的数据"EB 90"，导致上位机将数据"EB 90"误认为了帧结束标志，致使对计算机字（B）的处理出现错误。

5.5　接收数据的有效性判别与处理

接收方接收数据时，应严格按照通信协议中的要求，对数据帧的帧头、帧号、接收方标志、发送方标志、数据长度、数据内容、校验和、帧尾进行判别处理。只有经过判别通过检查的数据帧，其数据方可使用，否则应按通信协议的要求进行错误处理。

5.6　数据帧中数据内容的设计要求

数据帧中的数据内容分为状态位和数值量两种。

1）数值量的起始位置应是一个字节的开始位置，数值量的长度只能是一个字节、二个字节、四个字节或八个字节。

例如：

➤ 第 n 个字节第 1 位：方位转动允许/禁止位，0 表示禁止，1 表示允许。

➤ 第 n 个字节第 2 位：俯仰转动允许/禁止位，0 表示禁止，1 表示允许。

➤ 第 n 个字节第 3 位～第 $n+1$ 个字节第 8 位：方位转动角度值。

此协议违背了：

　　a）方位转动角度值不是一个字节的开始；

　　b）方位转动角度值的长度是 14 位，不是 8 位或 16 位。

正确的协议：

➤ 第 n 个字节第 1 位：方位转动允许/禁止位，0 表示禁止，1 表示允许。

➤ 第 n 个字节第 2 位：俯仰转动允许/禁止位，0 表示禁止，1 表示允许。

➤ 第 $n+1$ 个字节第 1 位～第 $n+2$ 个字节第 8 位：方位转动角度值。

2）状态位的定义中，单一位的解释说明，不仅要说明为"1"的含义，还要说明为"0"的含义；多位解释说明时，不仅要说明特定组合的含义，还要说明其他组合的含义。

例如，2 位组合的含义解释说明时，不仅要说明"00 表示雷达、红外不记忆"、"01 表示雷达外记忆"、"10 表示红外外记忆"，还要说明"11"表示何含义（可能是无此定义，也可能是交换字错误，但要明确说明）。

3）状态位的初始状态要设计为 0 位状态。

例如：针对上例，"00 表示雷达、红外不记忆"应为初始状态。

又如：

➤ 第一种定义："01 表示 Ku 波段"、"10 表示 Ka 波段"、"00 表示不定波段"。

➤ 第二种定义："0 表示 Ku 波段"、"1 表示 Ka 波段"。

这两种方式对初始状态的理解是不一样的，第一种定义的初始状态为不定波段，第二种定义的初始状态为 Ku 波段。

▶ **典型案例**

制导站在"引信"状态下，当 $1000 < |\Delta R| \leqslant 1100$ 时发出了 K4 指令"000000"，弹上无控仪译码软件将全零的 K4 指令（000000）视为禁用指令进行处理，导致无控仪未正常输出 K3 指令。K4 指令的"000000"到底是正常指令，还是禁用指令，显然制导站和无控仪存在理解上的差异。

5.7　避免双口 RAM 读写冲突

通过双口 RAM 进行信息交换是经常采用的一种设计方案，使用双口 RAM 时要注意防范读写冲突。防范措施有硬件措施和软件措施。

软件措施的要求：在软件握手单元设计时，应采取有效措施避免"在读方正在读握手单元时，写方写握手单元有可能写不成功"的故障模式。

避免双口 RAM 读写冲突的几种设计方案：

1）通过系统的读写时序设计，避免读写冲突。

2）设计硬件连线，通过硬件信号保证读写双方的握手。

3）握手单元写入后，随即读出确认，如未写成功，则再次写入。

➤ 对握手单元读写的循环周期进行差异性设计，避免频繁冲突。

➤ 设计多个握手单元，双方互为反序方式读写，避免频繁冲突。

示例解释（双口 RAM 的读写冲突）：

当读写双方可能对双口 RAM 同时读写时，通常需要设计握手单元来控制数据的读写操作。常用方法是在双口 RAM 中设计一握手单元 flag。

1）当数据写方写数据前，检查 flag：

➤ 如果为 1，表明空方尚未读取数据，则继续读。

➤ 如果为 0，表明读方已读完数据，则开始写数据，写完后将 flag 置为 1，表明写方已写完数据，读方可以读了。

2）当数据读方读数据前，检查 flag：

➤ 如果为 0，表明写方尚未写完数据，则继续读。

➤ 如果为 1，表明写方已写完数据，则开始读数据，读完后将 flag 置为 0，表明读方已读完数据，写方可以写了。

然而这种设计不一定可靠，可能会出现写方写握手单元时，读方正在读握手单元，则写方要写的值没能写进去（如图 5-1 所示）。可靠的设计方法如图 5-2 所示。

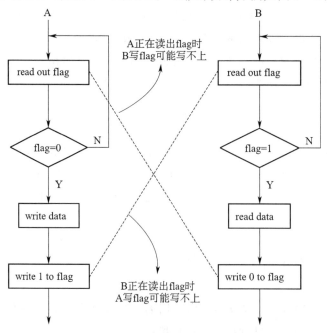

图 5-1　握手标志置不上的可能

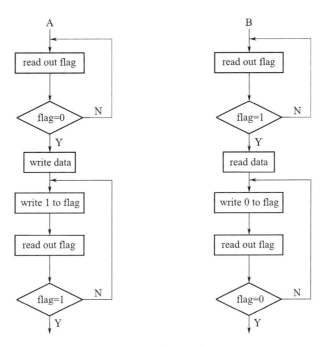

图 5-2　可靠的设计方法

▶ 典型案例

遥测中心控制单元上电后以 X（单位为 ms）帧周期下传指令参数等遥测数据，在收到控制系统发出的 Tskv 指令后，开始变帧为以 Y（单位为 ms）帧周期下传电视观测设备的图像信息。遥测中心控制单元变帧时，需对 DMCTR 控制寄存器进行设置，但在极端情况下，外围芯片恰巧也在同时读此 DMCTR 控制寄存器，致使遥测中心控制单元对 DMCTR 控制寄存器的写入设置不成功，导致没能进入 Y 帧周期下传变帧后的图像数据，而仍是变帧前的遥测数据。

5.8　安全关键数据的加密处理

涉及信息保密性要求时，数据传送过程中应对安全关键数据进行加密处理，以保护数据内容的保密安全性。

第6章 数据安全性设计

6.1 应明确数值数据的合理取值范围

针对所有数值数据，应明确其合理的取值范围。在数据处理时，视超出合理取值范围的数值数据为非法数据，并对其进行异常处理。

数值数据包括连续型（实数型、实型）数据和离散型（整数型、整型）数据。

6.2 数值运算中应防范数据溢出

应确保针对所有合理取值范围内的输入数据进行数值运算时，其中间结果和输出结果不会出现数据溢出。

例如，"数据 A" 和 "数据 B" 为 unsigned short 型整数（2 字节无符号整型数），"数据 C" 为 unsigned short 型整数，运算公式为 $C = A \times B / 65535$。程序设计如下：

```
unsigned short A;
unsigned short B;
unsigned short C;
unsigned short temp;
......
temp = A * B;
C = (unsigned short)(temp/65535);
```

显然，中间结果 temp 可能出现数据溢出。

正确的程序设计为：

```
unsigned short A;
unsigned short B;
unsigned short C;
unsigned int temp;
......
temp = A * B;
C = (unsigned short)(temp/65535);
```

6.3　数值运算中的精度控制

数值运算中应考虑计算机舍入误差带来的影响，应依据精度要求，通过误差分析，确定合适的变量类型和有效的处理方法。

例如：

```
int main(void)
{
    float x = 637814.0;
    float e = 0.01;
    int i = 0;
    while(x < 637815){
        x = x + e;
        i = i + 1;
    }
    return 0;
}
```

此段代码的精度控制有问题，陷入了死循环。正确的代码为：

```
int main(void)
{
    double x = 637814.0;
    double e = 0.01;
    int i = 0;
    while((x < 637815) && (i < 10000)){
        x = x + e;
        i = i + 1;
    }
    return 0;
}
```

▶ **典型案例**

进行技术指标测试时，当进行到"重捕定位时间"指标测试时，断开转发器天线 60 s 后重新接通天线，经过 10 s 左右 GNSS 接收测量装置遥测接口停止输出。原因是卫星位置迭代运算中出现死循环。

//ei，ea，diff 均为 16 位浮点型全局变量

```
ea = ei;
do
{
    diff = (ei − (ea − gps_eph[n]. ety * sin(ea)))/
        (1.0E0 − gps_eph[n]. ety * cos(ea));
    ea = ea + diff;
} while (fabs(diff) > 1.0e − 12);
```

迭代不收敛的机理如下：ea 的迭代初始值为 40644.12039，16 位浮点型变量表示为 ea＝40644.1，小数点后只有 1 位有效数字，至第 2 次迭代时，diff＝0.000632935，当计算 ea＝ea＋diff 时，由于出现"大数"加"小数"的情况，即"小数"相对于"大数"在 16 位浮点型变量精度条件下被近似为 0，致使 ea＝ea＋diff 计算后的结果仍是 ea＝40644.1，因此每次迭代的 ea 值都不变，自然每次迭代的 diff 值也不变，因此 fabs（diff）＜＝1.0e−12 的条件始终无法满足，从而陷入死循环。

6.4　数据处理中的数据合理性检查

在数据处理的入口、出口及某些关键点处，应对重要的数据量进行数据合理性检查，并及时对非法数据进行相应的异常处理。

数据合理性检查，查哪些、如何查、何时查，应作为软件故障模式及影响分析（SFMEA）的重要内容进行认真分析，避免随意性。

▶ 典型案例

某型号发射前在给飞行控制软件装定参数时由于人为操作失误，将射程＊＊＊千米装定成了＊＊＊米，导致导弹发射后即刻实施了自毁。

表面原因是人为操作失误，深层原因是飞行控制软件对装定参数没有进行数据合理性检查。

6.5　数据处理中应对特殊数据进行特殊处理

在数据处理过程中，可能会存在某些特殊点，当数据接近这些特殊点时，处理过程会发生变化，应进行针对性的特殊处理。

例如，除法时的分母接近零、角度差判断时的 0°或 360°、双字节帧计数的 65535 帧等。

示例：方位角范围 [0°，360°]，当连续两周方位角采样值的绝对误差小于 3°时，则进行动作。程序的实现为：

```
if(fabs(azi1 − azi2) < 3){……}
```

显然程序代码有问题，没有考虑 0°或 360°的特殊处理。

正确的代码为：

$$if((fabs(azi1 - azi2) < 3) || (fabs(azi1 - azi2) > 357))\{ \cdots\cdots \}$$

▶ 典型案例

1）故障现象：仪表盘出现假目标。

2）工作原理：飞机对目标的搜索是依据目标搜索波门由最小高度 H_{min}（单位为 m）到最大高度 H_{max} 以间距 Δ 进行扫描，当波门连续 N 次出现套中的目标，则确认为发现目标，并在仪表盘上显示目标。

3）问题原因：软件中设有波门连续套中目标的计数变量 num，当扫描至 H_{max} 时，出现了几次连续套中目标，但由于是假目标，所以 num 小于 N。当回到 H_{min} 重新扫描时，忘记了将 num 清零，恰巧在 H_{min} 开始处也出现了假目标，由于是假目标，num 本应小于 N，但由于事先 num 未清零，所以致使 num 的累加达到了 N，导致误确认为发现了目标。

第7章　中断设计

7.1　中断使用的一般原则

中断使用的一般原则如下：

1）能用查询方式的不用中断方式。

2）中断服务程序应尽量短小简练。

3）应屏蔽无用中断，并为无用中断提供空的中断服务程序。

4）应考虑边沿触发可能带来的中断误处理（毛刺所致），并采取有效措施。

5）应考虑电平触发可能带来的中断漏处理（电平宽度较窄）及同一中断被多次响应（电平宽度较宽），并采取有效措施。

6）应尽量避免使用中断嵌套，必要时应谨慎使用。

7）应认真分析并明确定义每一中断的执行优先级，确保正在执行的中断过程不被同级或低级执行优先级的中断请求所中断。

8）应充分考虑不同系列单片机有着各自不同的中断响应机制，程序的可靠性安全性设计应具有针对性。

▶ 典型案例 1

1）故障现象：某型号在某次外场联试中，相关机的地面机在向弹上机上传相关程序时出现了被传程序的误码，导致联试无法进行。

2）问题原因：相关机的地面机在向弹上机上传相关程序时，由于导引头处理器成像准备好中断的意外到来，使得被传程序的上传过程被意外打断，导致被传程序代码的上传数据丢帧。

3）修改措施：在上传数据的程序模块中屏蔽不期望的中断源，待上传完毕后再打开后续工作需要的中断源。

▶ 典型案例 2

1）故障现象：综合测试时，对 GNSS 进行了 3 次软件复位操作之后 20 min，重新进行 G 命令测试，结果没有收到 GNSS 返回的定位数据，直到惯性导航测试项目结束，GNSS 始终没有信息输出，也不响应命令。

2）问题原因：综合测试过程中发出的 GNSS 软件复位指令，正好有 1 次发生在程序往 Flash 中写时间的过程中。由于软件复位的优先级更高，因此立即执行软件复位进行代码重新加载；而此时 Flash 还没有完成擦写操作，权限没有释放，因此无法完成从 Flash 中加载程序的操作，GNSS 出现遥测接口无输出、弹上计算机接口无响应的故障状态；同时由于时间信息被擦除，下次加电后 GNSS 初始时间为 0。

3）修改措施：增加 Flash 状态标识变量。当 Flash 处于擦写时间过程中时，该变量置 "1"，完成擦写后置 "0"。收到软件复位命令时，首先查询 Flash 状态标识变量，若 Flash 状态标识变量为 "0"，立即调用软件复位函数进行软复位操作；否则等待直至 Flash 操作结束，Flash 状态标识变量为 "0" 后再进行软复位操作。

▶ 典型案例 3

1）故障现象：在批抽检全弹测试中，在执行测试流程规定的雷达关机指令时，雷达关机执行结果检查未通过，经核查确认为雷达未响应关机指令。该现象为偶发现象，在相同状态下又重复进行了多轮测试，故障现象消失。

2）工作原理：测试设备通过综控软件向雷达软件发送若干命令，其中有关机命令。

　　a）综控软件接收到测试设备发送的关机命令后，即刻向雷达软件发送关机指令；

　　b）综控软件设有 X（单位为 ms）的定时器，收到关机指令后，在定时中断中判断雷达关机过程，如果未完成，则继续向雷达软件发送关机指令；

　　c）雷达软件以中断方式接收到综控软件发送的指令后，判断指令是否合法，如果前一指令属于指令前的合法指令集（为避免指令的重复执行，重复指令为非法），则认为接收指令合法，否则认为接收指令非法；

　　d）雷达软件在主程序中，判断接收指令是否合法，如果合法则执行，如果非法则拒绝执行。

3）问题原因：

在综控软件 X（单位为 ms）定时中断到的前一时刻，综控软件接收到测试设备发送的关机命令，即刻向雷达软件发送关机指令。随后 X（单位为 ms）定时中断到，综控软件在定时中断中判断雷达关机过程未完成，则再次向雷达软件发送了关机指令。

雷达软件以中断方式接收到综控软件第一次发送的关机指令后，判断为合法指令，但由于综控软件第二次发送与第一次发送的关机指令时间间隔太短，导致雷达软件在第一次接收指令中断返回后，主程序尚未执行到判断接收指令是否合法的程序段时，又响应了第二次接收指令中断，在接收指令中断中，由于前一指令已是关机指令，所以判断接收指令为非法指令，中断返回后，主程序执行到判断接收指令是否合法的程序段时，因判断为非法指令而拒绝指令的执行。

4）修改措施：修改为以上一次执行的指令，而不是上一次接收的指令，作为本次指令合法性判断的依据。

7.2　中断的初始化、允许、禁止的注意事项

定义 1：

［中断初始化］：对中断控制参数（如外部中断的触发方式、定时中断的定时周期、各中断执行优先级等）进行设置，包括清除中断标志位等。

［全局中断允许］：允许所有中断源的中断请求。

［全局中断禁止］：禁止所有中断源的中断请求。

［局部中断允许］：允许指定中断源的中断请求。

［局部中断禁止］：禁止指定中断源的中断请求。

定义 2：

［阻止］＝［全局中断禁止］

［使能］＝［全局中断允许］

［打开］＝［局部中断允许］

［允许］＝［局部中断允许］

［关闭］＝［局部中断禁止］

［禁止］＝［局部中断禁止］

［屏蔽］＝［局部中断禁止］

1）应严格按照"全局中断禁止→局部中断禁止→中断初始化→局部中断允许→全局中断允许"的顺序进行操作，即"阻止→关闭→初始化→打开→使能"的操作顺序。

2）中断的初始化应将与中断有关的全部资源进行明确设置，避免使用系统默认值。

3）程序代码中的所有允许（使能、打开、允许）和禁止（阻止、关闭、禁止、屏蔽）中断的位置应仔细分析，应对此进行专项代码审查。

4）应避免全局中断允许（使能）和全局中断禁止（阻止）没必要的、过于频繁的操作。

▶ 典型案例 1

1）故障现象：在导弹总装测试过程中，惯性测量装置在 19 次测试中有 3 次未能正常启动。

2）问题原因：DSP 软件配置完 RS-485 通信中断、A/D 采样中断、RS-422 通信中断、温度传感器中断后，随即使能各中断；而后继续配置定时中断，配置完后将其使能。在初始化定时中断时受到 A/D 中断的影响，致使定时中断导引程序地址出现错误，导致加载程序错误而无法正常运行。

3）修改措施：配置完 RS-485 通信中断、A/D 采样中断、RS-422 通信中断、温度传感器中断后，先不进行使能各中断的设置，在配置完定时中断后统一使能各中断，由此保证在配置某一中断时，ISTP 始终为初始基地址 10000000h。

▶ 典型案例 2

1）故障现象：在进行射检试验时，综合控制计算机在通电 4 s 后未接收到导航系统发送的数据，综合控制计算机报导航系统自检超时故障。

2）工作原理：系统上电后，先 FPGA 加载程序，再 DSP 加载监控软件，再 DSP 加载导航软件，再运行导航软件，导航软件初始化后进行自检，并向综合控制计算机发送自检结果。

导航软件使用的是 TI 公司的 DSP，共有定时中断、PPS 秒脉冲中断、备用中断 3 个外部中断。软件使用了 TI 公司的 CSL 库函数。

3）问题原因：导航软件初始化时，配置一个中断使能一个中断，如果在配置 PPS 秒脉冲中断时，产生了定时中断，则会使 PPS 秒脉冲的中断服务表地址出错，导致程序跑飞。

4）修改措施：在初始化时，关闭所有中断使能，待初始化后再统一打开。

7.3 谨慎使用中断嵌套

1）尽量避免中断嵌套，避免中断嵌套的方法：

a）通过中断优先级的设置，避免被同级和低级执行优先级的中断所中断。

b）进入中断服务程序后，先禁止那些不希望嵌套的中断，待中断服务程序返回前再将这些中断允许。

c）如果不期望任何中断的嵌套，则进入中断服务程序后，先置全局中断禁止，待中断服务程序返回前再置全局中断允许。

2）对响应要求高的中断可以利用高优先级实现优先响应，但对中断优先级的设置及其影响应进行认真的分析。

3）中断的允许与禁止虽然可以对中断嵌套进行控制，但同时也带来了丢中断的风险，因此应针对性地独立进行仔细分析。

7.4 避免从中断服务子程序中使用非中断返回语句返回

1）汇编语言的中断服务子程序返回应使用 RETI，避免误使用了 RET（区别在于，RETI 可以清除"优先级激活触发器"，以保证后续中断源的及时响应）。

2）除特殊需要外，禁止从中断服务子程序中使用跳转语句直接跳去（汇编语言的跳转指令，C 语言的 setjmp/longjmp），应使用中断返回语句正常返回。

7.5 中断现场的保存和恢复

高级语言（如 C 语言）的中断现场保存和恢复，往往编译器已经处理了，但当用汇编语言编写程序时，进入中断服务程序时的现场保护和中断服务程序返回时的现场恢复，需要特别注意。

1) 对通用寄存器的保存和恢复：没有必要所有通用寄存器都进行保存和恢复，但对哪些寄存器进行保存和恢复应经过认真分析，特别是程序代码发生更改之后应再分析。

2) 某些处理方式的保存和恢复：如主程序中存在禁止带符号位运算的程序段，而中断服务程序中需要带符号位运算，则禁止/允许带符号位运算的处理方式应进行保存和恢复。

▶ 典型案例

某软件主程序中绝大部分代码处理都是不带符号位运算的，但其中仅三行的一程序代码段需要带符号位运算，因此当执行到该程序段的开始时，先设置允许符号位运算标志位，在执行完该程序段后，再设置禁止符号位运算标志位。

一般情况下，由于主程序的规模比较大，在此仅三行的程序段中出现中断的几率非常小。问题是，一旦真的在此仅三行的程序段中出现了中断，将导致中断中本应不带符号位运算的程序段错误地按带符号位进行了运算（如图 7-1 所示）。

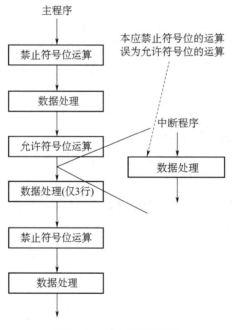

图 7-1　中断中运算错误

针对此问题的初次修改是进入中断后，先强制设置禁止符号位运算标志位。然而这将导致另一种缺陷模式，一旦真的在此仅三行的程序段中出现了中断，在响应完中断后，错误地按不带符号位进行了运算（如图 7-2 所示）。

正确的处理流程如图 7-3 所示。

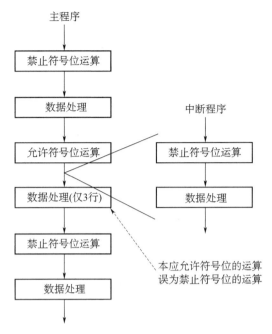

图 7 - 2　主程序中运算错误

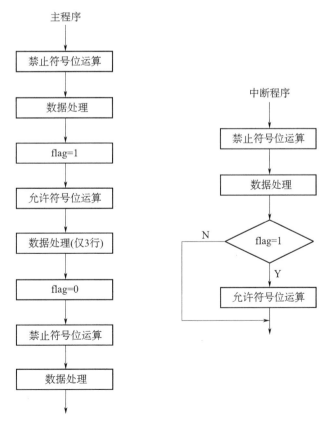

图 7 - 3　正确的处理流程

7.6　无用中断源的屏蔽与保护

1）不使用的中断源应通过中断禁止位进行屏蔽（即相应局部中断禁止）。

2）应为不使用的中断源编写空的中断服务程序（即只有一条返回语句）。

▶ 典型案例

某型号原设计有 Int03 中断，后改为查询方式，但硬件中断源信号线仍保留，修改后的程序直接删除了 Int03 的中断服务子程序及其相应的中断允许语句。

可是在某功能模块返回前残留了允许 Int03 中断的语句，在系统试验中 Int03 中断触发，由于已经没有了 Int03 的中断服务子程序，程序顺序向下执行了 Int05 的中断服务子程序，导致系统试验异常。

7.7　在对与中断相关的寄存器设置前，应先阻止中断

在对与中断相关的寄存器（如中断标志寄存器、中断使能寄存器等）设置前（指程序的设置，而非硬件的设置），应先阻止中断（全局中断禁止），待所有相关的寄存器均设置完后，再使能中断（全局中断允许）。

7.8　应考虑主程序和中断程序对同一变量赋值的潜在影响

1）应尽量避免主程序和中断程序对同一变量进行赋值。

2）应对既被主程序赋值又被中断程序赋值的变量进行专项分析，特别是应对"成组变量赋值的完整性可能被中断程序赋值所破坏"的缺陷模式重点分析。

3）如果主程序和中断程序对同一变量赋值可能造成不良影响时，应采取针对性措施进行防范。

▶ 典型案例 1

1）故障现象：飞机给机载导弹导引头装定的高度参数是实际高度的两倍。

2）工作原理：飞机每 Δt 周期对高度进行采样，得到高度变化差 ΔH，在模型中依据上周的高度 H_0 和本周的高度差 ΔH 计算出当前高度 $H = H_0 + \Delta H$。

3）问题原因：程序代码中，高度变量 H 表示绝对高度，但在公式计算时临时用于高度差，恰在此时中断到来，在中断服务程序中重新将高度变量赋为绝对高度值，致使应使用高度差的计算误使用了绝对高度，导致高度参数跳变。

```
float H，H0;
……
int FormulaComp(…)
{
```

　　　　　//计算公式 $H = H_0 + \Delta H$

　　　　　H＝Data. DH；//变量 H 的物理含义被改变为高度差,此句后中断到来,在中
　　　　　　　　　　断服务程序中将变量 H 赋为了绝对高度值

　　　　　……

　　　　　H＝H0＋H；　//中断返回后,变量 H 的计算值约为实际高度的两倍

　　　}

　　4) 修改措施：

　　　　float H，H0；

　　　　……

　　　　int FormulaComp(…)

　　　　{

　　　　　float tempDH

　　　　　//计算公式 $H = H_0 + \Delta H$

　　　　　tempDH＝Data. DH；

　　　　　……

　　　　　H＝H0 + tempDH；

　　　　}

▶ **典型案例 2**

　　1) 故障现象：全弹综合测试中，在舵指令中叠加了高频噪声信号，舵机随指令运动时，指令反馈值与舵指令值偶尔出现最大误差 1.6°、持续时间 30 ms 的小尖峰异常突跳。

　　2) 工作原理：舵机控制软件由主程序和 RS - 485 中断服务程序组成，主程序由定时器控制进行定周期的循环处理。

　　　　a) 主程序中，集成了非线性 TD 跟踪运算器，为了提高 TD 运算的精度，需要对舵指令的高频噪声进行滤波处理。

　　　　b) RS - 485 中断服务程序中，集成了高频滤波器，用于剔除舵指令中的高频噪声，滤波后的舵指令提供给主程序使用。

　　3) 问题原因：主程序的非线性 TD 跟踪运算器用到了 TD 参数，而 RS - 485 中断服务程序的高频滤波器会依据指令幅值和频率范围修改 TD 参数。

　　当主程序的非线性 TD 跟踪运算器在运算过程中，被 RS - 485 中断服务程序所打断，在 RS - 485 中断服务程序中修改了 TD 参数，中断返回后主程序使用了不同的 TD 参数完成了剩下的运算，导致运算结果出现异常跳变。

　　4) 修改措施：增加全局变量 pTime 对主程序的 TD 运算进行保护，在 TD 运算开始时置 pTime 为 1，在 TD 运算结束后置 pTime 为 0；在 RS - 485 中断服务程序中如果判断 pTime 为 1，则维持 TD 参数不进行修改。

▶ **典型案例 3**

1) 故障现象：在综合试验大厅对惯导设备单元测试中，精度检查的实测值与指标要求值不符，经复查认定惯导设备正常，属于误报。

2) 工作原理：惯导测试软件中，在精度检查开始时取一组惯导值保存在数组 $A[]$ 中，900 s 后再取一组值保存在数组 $B[]$ 中，然后将两组数据的差值乘以比例系数即为检查的实测值。

惯导精度检查的数据来源于 1553B 总线，数据接收函数每 X（单位为 ms）查询并更新指定的数据。

3) 问题原因：惯导测试软件中，精度检查函数和数据接收函数分属于不同的线程，数据接收函数将数据存于全局数组 gRtData[] 中，精度检查函数检查开始时读取数组 gRtData[] 赋予数组 $A[]$ 中，900 s 后读取数组 gRtData[] 赋予数组 $B[]$ 中。

数据接收函数每 X（单位为 ms）对数据更新时的程序代码为：

```
memset(gRtData,0,sizeof(gRtData));  //gRtData[]清 0
Read_RtData(gRtData,1);            //存入 gRtData[]
```

由于精度检查函数和数据接收函数分属于不同的线程，如果在数据接收函数已执行 memset() 函数但尚未执行完 Read_RtData() 函数时，精度检查函数恰巧读取数组 gRtData[]，此时读取出的数据为 0，由此导致精度检查的实测值错误。

4) 修改措施：由于相邻两周期的数值误差对系统而言是可接受的，所以直接删除 memset() 函数语句即可。

注：此案例虽然不是使用中断而是使用线程，但故障机理是一样的。

▶ **典型案例 4**

1) 故障现象：全弹热试车试验中，发动机主油路电磁阀异常提前断电，导致发动机启动过程故障。

2) 工作原理：发动机控制软件以 Y（单位为 ms）为周期实时采集发动机的转速，软件中记录当前最近的 10 个采集值。软件中的滤波算法对当前最近的 10 个采集值进行处理，剔除最大值和最小值，将剩余的 8 个采集值求平均后，参与后续的发动机控制。

3) 问题原因：软件中设计了周期为 Y（单位为 ms）的采集中断，在中断服务子程序中采集当前的发动机转速值，并更新在全局数组 sample[] 中，其中 sample[9] 为当前采集值，sample[8] 为前 1 周期采集值，……，sample[0] 为前 9 周期采集值，共保存了当前最近的 10 个采集值。

软件在主程序中调用了滤波算法函数，该函数中进行如下处理（代码并非源代码，只是说明性代码）：

```
sum = 0; max = sample[0]; min = sample[0];
```

```
for(i = 0;i<10;i + +){
    sum = sum + sample[i];
}
for(i = 0;i<10;i + +){
    if(sample[i] > max){
        max = sample[i];
    }
}
for(i = 0;i<10;i + +){
    if(sample[i] < min){
        min = sample[i];
    }
}
rotate = (unsigned int)((sum - max - min)/8.0);
```

初始启动时 sample[] 全为 0，当滤波算法函数执行完 sum 的计算后，正在进行 max 的计算时，采集中断到，在中断服务子程序中，当前采集的转速大于零，即 sample[9] 大于零，中断返回后，滤波算法函数继续进行 max 的计算，计算结果为 max 大于零，致使在计算 rotate 中出现将负数转换为无符号整数的情况，因此 rotate 是一非常大的数，导致因满足断电条件而提前断电。

4）修改措施：在滤波算法函数中增加局部数组变量 temp[]，将 sample[] 保存至 temp[] 中后，使用 temp[] 进行处理计算。

注：本案例中的修改措施在通常情况下是有效的，但在滤波算法函数正将 sample[] 保存至 temp[] 中时，如果采集中断产生，因为中断服务程序中有 sample[i] = sample[i+1]，i=0,1,…,8 的数据备份操作，所以可能会使 temp[] 中的数据出现偏差。如果这种偏差造成的数据误差无法满足滤波算法精度要求时，参考的可靠性安全性设计方法为：

滤波算法函数	采集中断程序

flagA = 1;
for(i = 0;i<10;i + +){
　　temp[i] = sample[i];
}
flagA = 0;
if(flagB = = 1){
　　for(i = 0;i<10;i + +){
　　　　temp[i] = sample[i];
　　}
}
针对 temp[] 进行处理计算
	flagB = 0;
	if(flagA = = 1){
	　　flagB = 1;
	}
	更新 sample[]

7.9　应注意多中断系统的中断处理时序关系

1）应尽量通过中断的时序安排避免中断冲突。

2）中断的时序分析与设计，应充分考虑中断的发生频率和处理时间。

3）应尽量避免中断嵌套，如实属必须，则应充分考虑嵌套的层次深度和时间宽度。

第8章　模块设计

8.1　模块单入口和单出口的设计

1）单入口要求：禁止通过跳转语句（如 C 语言的 setjmp/longjmp）进入模块，除非是特殊设计的异常错误处理模块。

2）单出口要求：禁止杂乱无章的多出口返回，除非是结构清晰且有一定益处的多出口返回（如 switch‒case 中的多出口返回）。

8.2　模块高内聚低耦合的独立性设计

1）模块的功能应完整且独立，避免一个模块实现多个关系度不大的功能，或一个完整功能分散在多个模块之中。

2）模块的输入输出应尽量通过调用参数和返回值进行传递，避免使用全局变量或宏定义进行参数传递。

3）模块调用参数的个数应适当限制，必要时应使用结构体（struct）进行封装。

4）模块内应使用局部变量，避免使用或必要时慎重使用局部静态变量（static）。

5）模块内可能会经常修改的部分代码，应尽量集中放在少数几处代码段中。

8.3　模块的扇入扇出设计

模块扇入数：是指直接调用该模块的上级模块的个数。扇入数大表示模块的重用程度高。

模块扇出数：是指该模块直接调用的下级模块的个数。扇出数大表示模块的复杂程度高。

1）一般原则：顶层模块扇出数较大，中间模块扇入扇出数适中，底层模块扇入数较大。

2）模块扇出数过大一般是因为缺乏中间层次模块，应该适当增加中间层次的模块。

3）尽量提取可重用的程序代码形成底层模块，通过加大其扇入数以提高重用程度。

4）模块扇出数一般应控制在小于等于 7。

8.4　模块耦合方式的优先顺序

模块设计时，模块耦合方式的优先顺序（耦合度由低到高）如下：

1）数据耦合（Data Coupling）：模块的调用仅依据数据参数而无需其他附件条件。

2）控制耦合（Control Coupling）：模块的调用需要由控制参数去选择某种控制流程。

3）外部耦合（External Coupling）：模块的调用通过非公共资源的全局变量传递信息。

4）公共耦合（Common Coupling）：模块的调用通过公共数据环境中的公共资源传递信息。

5）内容耦合（Content Coupling）：模块内部的内容被另一模块以非正常调用形式直接访问（高级语言正常用法是不允许的，一般多出现在汇编语言程序之中）。

8.5　模块内聚方式的优先顺序

模块设计时，模块内聚方式的优先顺序（内聚度由高到低）如下：

1）功能内聚（Functional Cohesion）：模块内部所有处理部分都是为了完成一项具体功能而设计的，是协同工作、紧密联系、不可分割的。

2）信息内聚（Informational Cohesion）：模块内部存在多个处理部分，每个处理部分都基于同一个数据结构进行操作，每个处理部分都有属于自己的唯一入口。

3）顺序内聚（Sequential Cohesion）：模块内部存在多个处理部分，前一个处理部分的输出是后一个处理部分的输入，由此决定它们必须依据前后顺序执行。

4）过程内聚（Procedural Cohesion）：模块内部存在多个处理部分，这些处理部分虽然在数据传递上无前提条件约束，但它们必须依据特定的控制次序执行。

5）通信内聚（Communicational Cohension）：模块内部所有处理部分都使用相同的输入数据集、或生成相同的输出数据集、或针对同一输入输出数据结构进行操作。

6）时间内聚（Temporal Cohesion）：模块内部所有处理部分都是为同一时间段的相关功能而设计的，即所有处理部分都是因为时间因素而关联在一起的。

7）逻辑内聚（Logical Cohesion）：模块内部存在多个处理部分，各处理部分具有使用功能层面上的逻辑相关性，每个处理部分都有属于自己的唯一入口。

8）偶然内聚（Coincidental Cohesion）：模块内部各处理部分之间没任何联系，即使有也很松散。

第 9 章　定时、吞吐量和规模的余量设计

9.1　余量设计要求

余量设计包括空间余量设计、时间余量设计和通信余量设计。

1）空间余量设计：软件使用的硬件资源应留有余量，如硬盘存储资源、内存使用资源等。

2）时间余量设计：留给软件运算的时间应留有余量，如周期内的公式计算、数据处理等。

3）通信余量设计：实际通信量相对于通信的吞吐量应留有余量，如网络通信、IO 通道等。

留有的余量应满足系统规定的要求，一般情况下应留有不少于 20％的余量。

注 1：相关知识

1）吞吐量的定义：是指在没有帧丢失的情况下，设备能够接受的最大速率。

2）吞吐量的测试方法：在测试中以一定速率发送一定数量的数据帧，如果发送帧与接收帧数量相等，那么就将发送速率提高并重新测试；如果接收帧少于发送帧则降低发送速率重新测试，直至得出最终结果。吞吐量测试结果以比特/秒或字节/秒表示。

3）吞吐量与带宽的区别：吞吐量和带宽是很容易搞混的两个词，两者的单位都是Mbps。先让我们来看两者对应的英语，吞吐量：throughput；带宽：Max net bitrate 或bandwidth。当我们讨论通信链路的带宽时，一般是指链路上每秒所能传送的比特数，它取决于链路时钟速率和信道编码，在计算机网络中又称为线速。我们可以说以太网的带宽是 10 Mbps。但是，我们需要区分链路上的可用带宽（Max net bitrate 或 bandwidth）与实际链路中每秒所能传送的比特数（throughput）。我们倾向于用"吞吐量"来表示一个系统的测试性能。具体实现时因为受各种低效率因素的影响，所以由一段带宽为 10 Mbps的链路连接的一对节点可能只能达到 2 Mbps 的吞吐量。这就意味着，一个主机上的应用最大只能够以 2 Mbps 的速度向另外的一个主机发送数据。

4）吞吐量的余量：实际应用时的实际通信量（单位也是 Mbps）不应大于吞吐量的 80％。

注 2：理解要点

1）带宽：通信线路上的最大传输速率。

2）吞吐量：两节点之间的最大传输速率。

3）实际通信量：两节点之间的实际传输速率。

▶ **典型案例**

某软件中主任务创建时的任务堆栈空间分配过小，当与指控通信 UDP 发送不成功时，堆栈占用显著增加，造成堆栈溢出，致使与稳定平台通信的任务被打乱，最终导致计算机重新启动。

VxWorks 创建任务函数 taskSpawn() 中需要定义任务堆栈空间的大小，该软件中的定义为：♯define STACK _ SIZE 5000，正常情况下是够的，但当与指控通信 UDP 发送不成功时，堆栈占用显著增加，造成堆栈溢出，后改为 100000。一般参考资料的示例，其定义是 0x5000，该软件误将十六进制的 0x5000 写成了十进制的 5000，十六进制的 0x5000 是十进制的 20480。

9.2　时序设计应综合考虑余量因素

在软件工作时序设计中，应综合考虑余量因素，确保工作周期（采样周期、计算周期、控制周期、通信周期等）和处理时序能够满足软件实现时的余量要求，如果实在无法满足，则应通过提高硬件能力（高性能 CPU、并行处理等）来解决。

▶ **典型案例**

1）故障现象：导弹发射条件无法满足，导弹发射异常中止。

2）工作原理：助推器安全点火装置运动到位后，需在 100 ms 内对安全点火装置电机断电，否则到位信号将消失。

3）问题原因：软件中使用 200 ms 定时中断，以 1 s 为周期查询助推器状态，当查询到到位信号后置标志，主程序判到该标志后实施电机断电。软件设计无法保证一定能在 100 ms 延时内实施电机断电，导致助推器安全点火装置到位信号消失，无法满足发射条件。

4）修改措施：主程序一次循环时间最长不超过 25 ms，将"查询助推器状态，到位后实施断电"放在主程序中处理。

注：本案例中的数值只是示意值，非实际真实值。

第 10 章　防错设计

10.1　参数化统一标识的设计

在软件设计中，对系统级的参数、常量、地址、标志等应进行统一标识（如汇编语言中的 EQU、C 语言中的 ♯ define 等），以便在需要修改时，只需在定义处修改一次即可。

参数的示例：滤波算法的系数。

常量的示例：圆周率 π，重力加速度 g。

地址的示例：IO 端口，IP 地址，双口 RAM 地址。

标志的示例：设备连通标志 0x55，设备断开标志 0xAA。

10.2　程序变量的设计

程序中所有变量应在设计文档中严格定义，并形成变量字典供使用者使用。

变量字典内容包括变量名称、变量类型、表示含义、有效范围（如数值类变量的合理数值区间）、作用范围（如是全局的还是某个模块局部的）、使用情况（如哪些模块对其引用，哪些模块对其修改）等。

对于安全关键变量，作用与目的必须唯一，其变量的表示含义禁止中途被改变。

▶ 典型案例

1) 故障现象：飞行试验过程中，导引头在目标选择处理时，未能选择预定的靶船大目标，而是选择了近距离的渔船。

2) 工作原理：导引头在目标选择处理算法中，要对目标距离进行加权处理，需要将目标滤波值 F 赋给目标能量值 R 进行计算。

3) 问题原因：目标滤波值变量为 32 位单精度浮点型变量 filtration，目标能量值变量为 32 位无符号整型变量 range；程序中，将 filtration 的内存存储单元值赋给了 range 的内存存储单元，导致目标能量值错误。

4) 修改措施：将 range 改为 32 位单精度浮点型变量。

注：内存存储单元的操作是靠指针变量的操作完成的，GJB 8114—2013《C/C++语言编程安全子集》中有"R-1-10-4 指针变量的赋值类型必须与指针变量类型一致"的专门条款，指针变量赋值与普通变量赋值的比较：

```
float fx = 46923.3;
```

```
unsigned int uiy = fx；  // uiy = 46923
unsigned int ＊uiz = ＆fx；// ＊uiz = 1194806093
```

10.3　安全关键信息的设计

1）安全关键信息的产生应采取软件与硬件的冗余或软件与软件的冗余。

2）安全关键信息的存储应具有独立性、封闭性，避免外界因素的干扰。

3）安全关键信息应具有对一位或二位意外差错的检错能力。例如，"01 表示一级点火，10 表示二级点火，11 表示三级点火"不具备一位的检错能力；"0101 表示一级点火，1010 表示二级点火，0110 表示三级点火"具备一位的检错能力，但不具备二位的检错能力。

4）安全关键信息避免用全 0 或全 1 表示（尤其是从外部传感器传来的信息）。例如，"0000 表示一级点火，1010 表示二级点火，1111 表示三级点火"是不正确的。

5）对安全关键信息的检测应具有明确的错误处理分支，在错误处理分支中控制软件处于安全状态之中。

🔘 **典型案例**

1）故障现象：某武器系统联调试验中，有时未按操纵杆键，却在准备好页面中呈现操纵杆键反视频的显示状态（表明操纵杆键被按下）。这种情况还会频繁出现。

2）工作原理：通信字中第 20 位是操纵杆键的标识位，该位为 1 表示操纵杆键被按下。

3）问题原因：由于设备的干扰，通信传输的操纵杆键标识位出现了误码。

4）修改措施：操纵杆键的标识位用第 20 和 21 两位来定义。两位均为 1 时表示操纵杆键被按下，其他情形均表示未按操纵杆键。相关软件修改后，经在联调试验中的长时间观察，上述故障现象未再发生过，证明采用这种冗余位定义的方法，对设备容错是一种有效的方法。

注：《检错及纠错编码》简介

"码"是由一系列 0 和 1 组成的序列。能自行发现码在传输等过程中出现了错误的码称"检错码"，不仅能发现错误还能自行纠正错误的码称"纠错码"。码 x 和码 y 对应位不同元素的个数定义为 x，y 的 Hamming 距 $d(x, y)$。如 $x=11000$，$y=10011$，则 $d(x, y)=3$。码系中任两码之间的最小 Hamming 距称为码系的距离 d。

1）距离 $d=1$ 的码系不具有检错功能；

2）具有纠错功能的码系必须是三位以上的码；

3）有如下定理：

a）要检 e 个位的错，必须 $d \geqslant e+1$；

b）要纠 t 个位的错，必须 $d \geqslant 2t+1$；

c) 要检 e 个位的错又要纠 t 个位的错 $(e > t)$，必须 $d \geqslant e + t + 1$。

用 "0" 和 "1" 组成的码系，因为其 Hamming 距只为 1，所以不具备检错能力；而用 "01"、"10" 或 "00"、"11" 组成的码系，因为其 Hamming 距为 2，所以具备了对一位错的检错能力，但不具备纠错能力。C. E. Shannon 在 1948 年发表的《通信的数学理论》一文中提出了 "信道编码" 定理：只要采用适当的纠错码，就可以使其传输误码率任意小。

10.4　安全关键功能的设计

安全关键功能的执行应准确无误。决定安全关键功能是否被执行的信息（包括指令信息、状态信息、数据信息等）一定是安全关键信息，安全关键信息的设计准则已经明确要求安全关键信息应采用冗余设计，这里强调的是 "冗余信息的判别" 应视为安全关键功能的有机组成部分，需强化设计、谨慎编码、充分测试。

10.5　防止非授权存取或修改的设计

1）防止程序（源代码、目标码）被有意或无意地以非授权方式进行存取或修改。

2）防止数据被有意或无意地以非授权方式进行存取或修改。

3）对需授权使用的安全关键功能应设置使用密码。

例 1：在嵌入式系统中设计有一块电子盘，电子盘上有系统需要启动加载的 VxWorks 映像程序，软件运行时，有大量的记录数据需要在电子盘中存储。这样的设计违背了设计准则，应设计为两块电子盘，一块存放 VxWorks 映像程序，另一块用于存放记录数据。

例 2：针对对外协作项目中的软件，应采取措施（如程序目标码所有字节累加和的校验等）以防范外方有意修改系统中的程序目标码。

10.6　数据文件的设计

1）嵌入式软件尽量避免大量数据文件的频繁读写操作。一般情况下，不推荐以数据文件形式进行数据记录，推荐通过数据接口以外部数据采集方式进行数据记录。

2）数据文件的用途、内容、格式、使用属性、存储位置、文件名及后缀等，应在设计文档中明确说明。

3）读写数据文件之前应对文件是否打开成功进行判断，如果文件打开失败，则应进行相应的异常处理。

4）数据文件使用结束后应及时关闭。

10.7　安全关键状态转换的合法性检测与异常处理

1）安全关键状态转换时应对要求转换的指令进行合法性检测，如果经检测确认是非法指令，则应拒绝执行指令，并使系统保持在安全可控状态。

2）安全关键状态转换后应利用相关信息检测转换后的合法性，如果经检测确认是非法状态，则应进行异常处理，并使系统恢复到安全可控状态。

例1：由待命态转为点火态时，应对点火指令进行合法性检测，如果确认是非法指令，则应拒绝点火使软件维持在待命态。

例2：由待命态转为点火态后，应对火工开关等状态进行检测，如果确认是非法状态，则应进行异常处理（如紧急断电等）。

10.8　实时监测功能的设计

1）安全关键软件应具有实时监测功能，对系统和软件的一些关键特征量进行实时监测。

2）实时监测发现故障时，应及时对故障进行处理与隔离，并警示报告（显示、上报等）。

3）对被监测的关键特征量应进行充分论证，特别是必要性和恰当性，宜少而精、简而准。

4）实时监测功能不应因对监测对象、时间时序等资源的争抢，而影响正常的软件功能。

10.9　尽量避免使用间接寻址方式

在汇编程序中应尽量避免使用间接寻址方式。在特殊情况下，如果确实有必要使用间接寻址方式，需强化设计、谨慎编码、充分测试，应对寄存器中所指地址是否在合理有效范围内进行检查验证。

10.10　应对数据进行隔离设计

1）在汇编程序中，为了防止程序误将数据作为指令执行，应对数据进行隔离设计，形成数据隔离区。

2）应采取有效措施确保程序不会进入数据隔离区。通常的措施是：在数据隔离区前加入总长度不小于最长指令长度的若干 NOP 指令，并随后加入一条跳转指令，将程序转向错误处理程序段。

10.11　信息存储应确保存储的可靠性

1）对不需要修改的重要信息，条件允许时应存放于 ROM 之中。

2）对于需要少量次数修改的重要信息，应存放在 EEPROM 之中。

3）宇宙空间中禁止使用 EPROM。

4）对安全关键信息及重要程序，特别是编程写入的，应存放于多种或多个存储器中，使用时进行表决处理。

5）对暂存于 RAM 中的至关重要的程序和数据，应采用三冗余备份，访问使用时通过三取二表决方式进行裁决。

注：术语注解

［1］RAM（Random Access Memory），随机存储器，存取速度快，断电后存储内容消失，一般用作计算机内存。

［2］ROM（Read - Only Memory），只读存储器，存取速度慢，断电后存储内容不消失，用来存储固定的内容。

［3］PROM（Programmable Read - Only Memory），可编程只读存储器，可由用户通过程序操作一次性写入。

［4］EPROM（Erasable Read - Only Memory），可擦除编程只读存储器，可由用户通过程序操作多次写入。擦除时将线路曝光于紫外线下，则存储器中的内容被清空，为方便曝光，通常在封装外壳上会预留一个石英透明窗。

［5］EEPROM 亦称 E2PROM（Electrically - Erasable Programmable Read - Only Memory），电可擦可编程只读存储器，可以通过电子方式多次复写入。原理类似 EPROM，但是擦除方式是使用高电场来完成，因此不需要透明窗。

10.12　算法的确定性设计

1）算法运算的最长时间应是可预计的。例如，迭代算法的结束条件，不应仅以迭代误差进行控制，还应配合最大迭代次数进行控制。

2）算法运算所使用的存储空间应是确定的。例如，算法运算过程中避免使用动态内存。

▶ **典型案例**

同 6.3 的典型案例，该案例的代码缺陷之一就是在 while 循环中没有加以循环次数的条件控制。

第 11 章　自检查设计

11.1　看门狗的设计

监控定时器，即看门狗（Watch Dog Timer，WDT），分外部看门狗和内部看门狗。

外部看门狗（亦称硬件看门狗）：具有独立时钟源的外部定时器电路，超时产生复位信号。

内部看门狗（亦称软件看门狗）：集成在处理器内部的可编程定时器，超时产生超时中断。

1）针对具有可恢复性需求的系统，应设计看门狗，对程序处理超时或陷入死循环进行监测和处理。

2）在高可靠性、高安全性系统中，应使用硬件看门狗。使用软件看门狗时，应强化故障模式影响分析。

3）看门狗定时参数的设置：设置小了会导致狗误叫，设置大了会导致狗漏叫。因此，定时参数的设置需强化设计、谨慎编码、充分测试。

4）计时器与计数器：

 a）在需要以时间为依据进行监控时，应使用计时器作为监控定时器。

 b）在以次数为依据进行等效监控时，可使用计数器作为监控定时器。

计时器与计数器本质上是相同的，都是对输入脉冲计数，计到规定数时产生输出信号。只是计时器是对时钟脉冲的计数，是固定频率的，而计数器可以是对外部其他脉冲的计数，可以是不定频率的。

例如，以计数器作为监控定时器对外部信号源计数，软件在每次信号处理中都进行喂狗。一旦软件处理超时或陷入死循环，将会产生狗叫。

5）喂狗时机与狗叫处理：

 a）喂狗时机：通常是在程序处理前或进入循环前启动看门狗，在程序处理中或循环中进行喂狗。

 b）狗叫处理：通常是在狗叫中断中进行异常处理，或内部的恢复性处理，或软复位，或硬复位。

示例解释（看门狗的目的性）：

系统要求从等待接收信息到接收信息完毕，必须在规定的 Δ（单位为 ms）内完成，否则表明与外系统的通信出现异常。程序中设计了 Δ（单位为 ms）的看门狗，设计如图 11 - 1 所示。

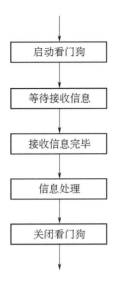

图 11-1　不满足需求的看门狗设计

　　显然此设计有所欠缺，因为在满足了"从等待接收信息到接收信息完毕，必须在规定的 Δ（单位为：ms）内完成"的要求条件下，看门狗仍有可能被触发。满足需求的正确设计如图 11-2 所示。

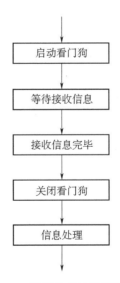

图 11-2　满足需求的看门狗设计

▶ 典型案例

某软件任务书要求处理的故障模式有：

1）在中断服务程序中陷入死循环，进行看门狗复位。

2）Δt 时间内始终未收到外部中断，进行看门狗复位。

该软件的中断是禁止嵌套的，使用的是软件看门狗。

软件问题：一旦在中断服务程序中陷入死循环，则定时器到时中断是无机会响应的，因此该软件对"在中断服务程序中陷入死循环"的故障模式是不具备处理能力的。

11.2　存储器自检的设计

通常嵌入式软件在初始化时是需要对存储器进行自检的。对存储器的自检分为功能自检和内容自检。

1）存储器的功能自检是检查存储器的读写功能，通常是针对被查存储区，先写后读进行数据比较，如一致则正常，否则故障。如果软件本身有正常工作状态和测试维护状态之分，则可以：在正常工作状态下，省略或只选个别存储单元进行存储器的功能自检，在测试维护状态下，对所有存储单元进行存储器的功能自检。

2）存储器的内容自检是检查存储器中的数据内容是否正确，通常是针对被查存储区，读出所有数据进行累加和计算，与事先预存的校验码进行比较，如一致则正常，否则故障。关键数据及关键程序的加载应进行存储器的内容自检，以确保加载内容的正确性和完整性。

11.3　故障检测和故障隔离的设计

安全关键软件应具有故障检测和故障隔离的功能。

1）软件的故障检测通常分为三个层次：开机自检、实时监测、执行前检测。开机自检是一次性检测，实时监测是周期性检测，执行前检测是随时性检测。

2）当检测发现故障时，应将故障进行隔离，确保系统处于安全状态，并及时进行信息提示和记录。开机自检故障影响面大，实时监测故障影响面中，执行前检测故障影响面小。

11.4　安全关键功能执行前检测的设计

在安全关键功能执行前，应对确保功能成功执行的前提条件进行专项检查。当某安全关键功能执行前检测发现问题，应屏蔽所有受此安全关键功能失效影响的其他关联功能，确保系统处于安全状态，并及时进行信息提示和记录。

第 12 章　异常保护设计

12.1　基于异常情况的分析结果进行设计

在软件运行过程中到底有哪些可能的异常情况，应进行认真、仔细、全面的分析，基于分析结果，设计相应的保护措施。

软件运行过程中的异常情况比较多，往往难以分析。应采用典型模式分类法进行分类分析，例如，语言使用类的数组越界等；人机交互类的非法操作等；数值计算类的被零除等；数据通信类的 CRC 校验错等。应强化先分析再设计的过程顺序，避免无统一分析的随意设计。

▶ 典型案例 1

1）故障现象：角误差计算异常。

2）工作原理：在一周期 $T = n \times \Delta t$ 内采样 n 个视线角误差 α_i，当 α_i 满足一定条件时称为有效视线角误差，一周期内有效视线角误差个数记为 m。一周期结束后，求 m 个有效视线角误差的平均值，即平均有效视线角误差。

　　a）全局变量。

```
int iValN = 0;          //有效视线角误差个数
float fValAng = 0.0;     //有效视线角误差累加值
float fAveValAng = 0.0;  //平均有效视线角误差
```

　　b）Δt 中断。

```
if(采样数值有效)
{
    iValN = iValN + 1;
    fValAng = fValAng + 采样数值;
}
```

　　c）T 中断。

```
fAveValAng = fValAng / iValN;   //求平均
iValN = 0;
fValAng = 0.0;
```

3）问题原因：如果一周内所有视线角误差都无效，则 iValN 始终为 0，导致 T 中断中求平均语句出现被零除。

　　4) 修改措施: T 中断中求平均语句修改为:

```
if(iVaIN > 0){
    fAveValAng = fValAng / iVaIN;
} else {
    fAveValAng = 0;
}
```

▶ 典型案例 2

1) 程序代码:

```
meanx = 0.0;
sum = 0;
for(k = 0;k < iNum;k + +){
    if(pSectFlag[k + Offset] = = 0xFF){
        meanx + = Pix_x_final[k + Offset];
        sum + +;
    }
}
meanx = meanx/sum;   //求平均
```

2) 问题原因: 如果所有 pSectFlag[k+Offset]均不为 0xFF, 则 sum 始终为 0, 导致求平均语句出现被零除。

3) 修改措施: 求平均语句修改为

```
if(sum > 0){
    meanx = meanx/sum;
} else {
    meanx = 0;
}
```

12.2　外购件、重用件异常保护措施的确认

　　外购件、重用件的异常保护措施是否满足使用要求应进行专项确认。
　　1) 够用性确认: 具备的异常保护措施对使用要求而言是足够的。
　　2) 适用性确认: 具备的异常保护措施对使用要求而言是合适的。

▶ 典型案例

1) 故障现象: 在校飞过程中, 主控组合通过网络接口发送的报文出现了 4 s 左右的

中断。

2）工作原理：主控计算机的网卡驱动为 VxWorks5.5 自带的 gei82543End.c，其中，gei82543EndInt（）为网络中断服务程序，在 gei82543EndInt（）中对链路状态进行判断：

　　a）当判断为是网络接口的连接断开而触发的网络中断时，不进行任何处理。

　　b）当判断为是网络接口的重新连接而触发的网络中断时，则调用 gei82543GMIIphyReConfig（），在 gei82543GMIIphyReConfig（）中会调用 miiAnCheck（）来检查链路自动协商过程的结果，而 miiAnCheck（）中会调用 miiBasicCheck（）来检查 PHY（物理层）状态寄存器，在检查过程中会以秒为单位来调用 taskDelay（）进行延时。

3）问题原因：校飞过程中 4# 网络接口出现了因松动而瞬时断开，随即又重新连上，在重新连上的中断响应过程中，由于底层驱动进行了延迟，导致所有网络接口中断了 4 s 左右的时间。

VxWorks6.8 自带的 gei82543GMIIphyReConfig（），有如下说明：

```
/ *
* Note:We don't want miiAnCheck()to delay here，and in fact
* it doesn't need to:the NIC fires the link change interrupt
* once the link has been restablished and autoneg has already
* completed，so we don't have to wait for anything. Waiting
* here is bad because it will block tNetTask for several seconds
* (depending on what delay values the driver/user has selected)，
* which might impact processing of packets on other interfaces.
* /
```

中文释义：我们不希望在 miiAnCheck（）中进行延时，事实上也是不需要的，因为一旦链路重新建立起来并且自动协商已经完成后，网卡才会触发链路状态变化的中断信号，因此不需要延时等待。反而延时等待是糟糕的，因为这会导致 tNetTask 阻塞几秒钟（取决于驱动中用户设置的延时值），从而影响其他网络接口的数据包处理。

可见 VxWorks5.5 自带的 gei82543End.c 本身是存在缺陷的，在 VxWorks6.8 中进行了改进。

4）修改措施：将 VxWorks5.5 中 gei82543GMIIphyReConfig（）的如下语句

```
miiAnCheck (pDrvCtrl－＞pPhyInfo，pDrvCtrl－＞pPhyInfo－＞phyAddr);
```

修改为 VxWorks6.8 中 gei82543GMIIphyReConfig（）的对应语句

```
oldDelay = pDrvCtrl－＞pPhyInfo－＞phyDelayRtn;
pDrvCtrl－＞pPhyInfo－＞phyDelayRtn = (FUNCPTR)gei82543Nop
miiAnCheck (pDrvCtrl－＞pPhyInfo，pDrvCtrl－＞pPhyInfo－＞phyAddr);
pDrvCtrl－＞pPhyInfo－＞phyDelayRtn = oldDelay;
```

12.3　异常保护措施的设计

当软件运行过程中检测到异常情况出现时，应采取有效的处理措施进行异常保护。异常保护措施的要求：

1）首先，应确保系统处于安全状态，并进行信息记录或信息提示。

2）在确保系统处于安全状态的前提下，尽量保持软件的继续运行，除非特殊情况下的停机断电；

3）在保持软件继续运行的前提下，尽量维持软件的正常功能，在确实无法维持软件正常功能的情况下，实施降级处理以维持软件的部分核心功能。

第 13 章　软件实现

13.1　一般要求

1）C/C++语言编码应遵循 GJB 8114—2013。

2）X86 汇编语言编码应遵循 GJB/Z102A—2012 的附录 D。

3）51 汇编语言编码应遵循 GJB/Z 102A—2012 的附录 E。

注：GJB 8114—2013《C/C++语言编程安全子集》简介

该标准是在总结国内外标准成功经验并结合工程应用实践的基础上编制的，标准编制遵循了先进性、可行性和可操作性的原则。

该标准的内容主要依据、来源包括：

1）原国防科工委批准发布的 GJB 5369—2005《航天型号软件 C 语言安全子集》及实际执行中的经验总结。

2）MISRA C++：2008 Guidelines for the use of the C++ language in critical systems。

3）军用软件实际工程开发及测评过程中的相关经验总结，特别是因编码问题导致软件缺陷的案例总结。

该标准由 7 章和 2 个资料性附录组成，其中：第 1 章 "范围"，第 2 章 "引用文件"，第 3 章 "术语和定义"，第 4 章 "总则"，第 5 章 "C 和 C++的共用准则"，第 6 章 "C++的专用准则"，第 7 章 "度量评价"，附录 A " 准则汇总索引"（资料性附录），附录 B "度量评价示例"（资料性附录）。

该标准第 5 章的 C 和 C++的共用准则给出了声明定义、版面书写、指针使用、分支控制、跳转控制、运算处理、函数调用、语句使用、循环控制、类型转换、初始化、比较判断、变量使用的具体准则。

该标准第 6 章的 C++的专用准则给出了类与对象、构造函数、析构函数、虚拟函数、类型转换、内存释放、函数定义与使用、异常处理、其他条款的具体准则。

该标准第 7 章的度量评价，对强制准则的遵循情况评价分为非常好、好、较好、较差、差、非常差六个等级，并给出了度量评价的具体要求。标准中依据征求意见研讨会的意见，给出了建议的量化评价指标，各行业、各型号依据建议的量化评价指标，结合本行业、本型号的具体要求，可以对量化评价指标进行适当调整。

该标准的 C 和 C++共用的强制准则共 124 条，C++专用的强制准则共 28 条，C 和 C++共用的建议准则共 41 条，C++专用的建议准则共 11 条，合计共 204 条。

该标准为增强实际可操作性，大部分准则给出了示例说明，其中违背示例 147 个，遵循示例 106 个，说明性示例 7 个。给出准则示例的目的之一是帮助对准则含义的理解，目的之二是在度量评价时对准则检查工具进行验证。

13.2　编程语言通用要求

1）编程语言的选择：应考虑适用性（针对应用特点）、通用性（语言使用广泛）、统一性（同一系统中避免五花八门）。

2）编程语言的使用：应使用标准编程方式进行编程，应进行编程安全子集的约定（如 C/C＋＋语言的 GJB 8114—2013）。

注：GJB/Z 102A—2012 与 GJB 8114—2013 的出入之处：

GJB/Z 102A—2012 的"不得使用 goto 语句"在工程实践中执行有困难。GJB 8114—2013 中放宽为：

1）建议准则：A－1－5－1 谨慎使用 goto 语句。

2）强制准则：R－1－5－1 禁止从复合语句外 goto 到复合语句内，或由下向上 goto。

13.3　软件复杂性控制

1）GJB/Z 102A—2012 中的"模块的圈复杂度（即 McCabe 指数）一般不大于 10"在工程实践中的具体执行是：

　　a）要求：模块的圈复杂度一般不大于 10。

　　b）指标：模块的平均圈复杂度不大于 10。

2）GJB/Z 102A—2012 中的"对于高级语言实现的模块，每个模块的源代码最多不超过 200 行，一般控制在 60 行以内"在工程实践中的具体执行是：

　　a）要求：模块的规模一般不大于 200 行。

　　b）指标：模块的平均规模不大于 200 行。

3）GJB/Z 102A—2012 中的"每个模块所传递的参数个数一般不超过 6 个"在工程实践中执行有困难，GJB 8114—2013 中放宽为"建议准则：A－1－7－1 函数中避免使用过多的参数，建议不要超过 10 个"。

4）GJB/Z 102A—2012 中的"每个模块的扇入和扇出一般不大于 7"在工程实践中的具体执行是：

　　a）要求：模块的扇出一般不大于 7。

　　b）指标：模块的平均扇出不大于 7。

注：相关知识

① 圈复杂度（Cyclomatic Complexity, $v(G)$）

内在含义：圈复杂度反映的是逻辑复杂度。

　　计算方法：在程序流程图中有 e 条边和 n 个节点（首尾节点不连线），圈复杂度为 $\mathrm{v}(G)=e-n+2$。

　　作用意义：

　　1）逻辑复杂度高的模块最容易引入缺陷。

　　2）圈复杂度等于模块中的线性独立路径数。

　　②基本复杂度（Essential Complexity, $\mathrm{ev}(G)$）

　　内在含义：基本复杂度反映的是结构复杂度。

　　计算方法：将程序流程图中的结构化部分简化成一个点，简化后的流程图的圈复杂度即为 $\mathrm{ev}(G)$。

　　作用意义：

　　1）非结构化成分多的模块最容易引入缺陷。

　　2）$1 \leqslant \mathrm{ev}(G) \leqslant \mathrm{v}(G)$。

　　　　➤ $\mathrm{ev}(G)=1$，表示 100% 的结构化。

　　　　➤ $\mathrm{ev}(G)=\mathrm{v}(G)$，表示 100% 的非结构化。

　示例解释（圈复杂度）：

　1）圈复杂度的直观比较：图 13-1 所示为圈复杂度为 10 的控制流图，图 13-2 所示为取自于某型号软件的圈复杂度为 115 的控制流图。通过比较可以看出：

　　　a）圈复杂度为 10 的控制流图比较清晰，在单元测试中达到语句覆盖 100%、分支覆盖 100%、MCDC 覆盖 100% 并非难事。

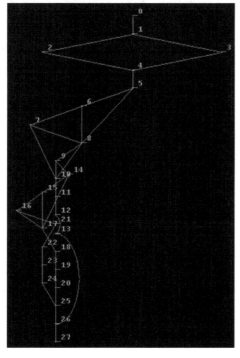

图 13-1　圈复杂度为 10 的控制流图

　　b）圈复杂度为 115 的控制流图如同一团乱麻，在单元测试中达到语句覆盖 100％、分支覆盖 100％、MCDC 覆盖 100％已是不可能的任务。

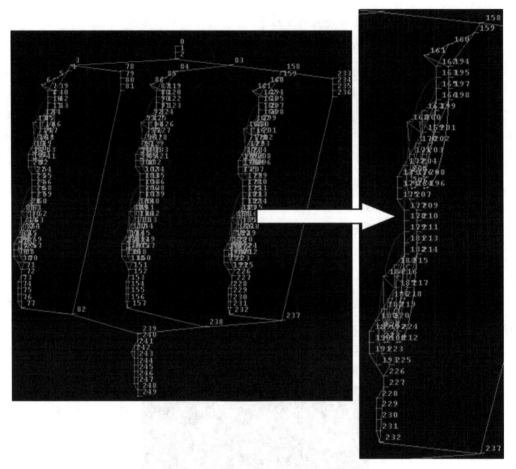

图 13 - 2　圈复杂度为 115 的控制流图

　　2）降低模块圈复杂度是否只能靠拆分模块？

　　a）降低模块圈复杂度不能以破坏模块功能内聚性为代价，不能以节省异常分支的处理为代价。

　　b）程序良好的结构化设计是降低模块圈复杂度的首选途径。

　　c）好的程序结构设计可降低复杂度、易于维护、易于测试、易于达到测试指标要求。

　　示例解释（基本复杂度）：

　　1）基本复杂度的直观比较。图 13 - 3 所示为原始机械性编程的欧拉角计算模块 CA1（）的控制流图，图 13 - 4 所示为程序结构优化后的欧拉角模块 CA2（）的控制流图，其中，CA1（）与 CA2（）的功能性能完全一样。经过分析可以得出：

　　a）图 13 - 3 的 v（G）=31，ev（G）=29，MCDC 分支 56 个，结构差，难以保证

质量。

b）图 13 - 4 的 v（G）＝18，ev（G）＝1，MCDC 分支 35 个，结构好，易于保证质量。

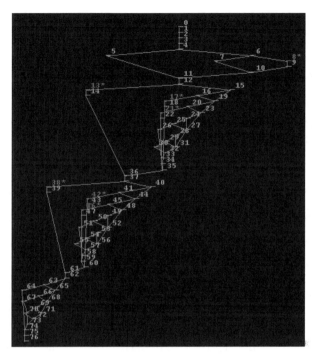

图 13 - 3 原始机械性编程的控制流图

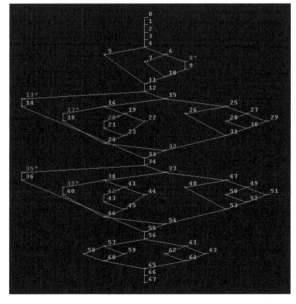

图 13 - 4 程序结构优化后的控制流图

2) 一个程序模块圈复杂度略大但基本复杂度不大, 说明虽然程序模块的逻辑复杂度略大, 但程序结构较好, 经过实际工程的实践这是可以接受的, 不可接受的是圈复杂度和基本复杂度同时比较大的程序设计。

13.4 注释要求与方法

1) 应对源程序代码进行有效详细的注释, 禁止毫无意义的注释。

2) 软件注释应进行模板化约定, 视同详细设计文档的有机组成部分。

3) 源程序的总注释率不小于 20%。

C/C++语言中中文注释的特殊要求:

C/C++中当使用 "/* … */" 的注释方式进行中文注释时, 注释内容与注释符之间必须加空格。

例 1 (不符合要求):

/*直角坐标系下的欧拉角计算*/

例 2 (符合要求):

/* 直角坐标系下的欧拉角计算 */

此条特殊要求的理由: 中文字符在代码中属于非标准字符, 编程语言的安全子集中是禁止使用非标准字符的, 但由于中国的国情, 我们的注释不可能不使用中文, 这就带来了双字节的汉字在单字节编辑器中错位可能导致注释结束符无法识别的危险。此条特殊要求可有效避免此危险。

软件评测中的典型实例:

被测软件程序代码在 UltraEdit-32 下的显示如图 13-5 所示。第 1623 行的注释结束符虽然显示为问号, 但仍是 "*/" 的 ASCII 码, 仍视为有效的注释结束。

```
1618        if(Mode==2)      /* Mode==2 表示稳定测高 */
1619        {
1620            hset=(int)H_real-Hmodify;            /* 进入成像时刻的高度判别 */
1621                    V_coef=360.0/V_angle;
1622        IMG_AGC_Judge();                    /*根据高度进行成像AGC判?20110627*/
1623        ZiTai_Value();                      /*弹载戏尚凶颂 欠衤 愳上褚 ?/
1624            if((hset<=14550)&&(hset>14450)&&(Match_Overflag==0xAA)&&(Zitai_Judge==0xAA))
1625
1626            het_save[test_count%10]=hset;
1627            test_count++;
1628                    SAR_PixSize=16;
1629 //        Caculate_ZiQuref(VX, VZ, hset, 16);   //87us
1630
1631                IMG_14Km_Init();
1632        }
```

图 13-5 UltraEdit-32 的显示

但在 Visual C++6.0 下的显示如图 13-6 所示。第 1623 行的问号不认为是有效的注释结束，在匹配后面的注释结束符过程中，下面的有效代码均被注释掉了。

```
if(Mode==2)    /* Mode==2 表示稳定测高 */
{
    hset=(int)H_real-Hmodify;         /* 进入成像时刻的高度判别 */
    V_coef=360.0/V_angle;
    IMG_AGC_Judge();                  /*根据高度进行成像AGC判?0110627*/
    ZiTai_Value();                    /*弹载戏尚凶颂  欠ネ  惚上褚 ?/
    if((hset<=14550)&&(hset>14450)&&(Match_Overflag==0xAA)&&(Zitai_Judge==0xAA))
    {
        het_save[test_count%10]=hset;
        test_count++;
        SAR_PixSize=16;
//          Caculate_ZiQuref(VX, VZ, hset, 16);    //87us

        IMG_14Km_Init();
    }
}
```

图 13 - 6　Visual C++6.0 的显示

▶ **典型案例**

1）故障现象：某软件在试验现场应总体的更改需求，对软件进行了更改，软件的更改与调平起竖功能无关，含有调平起竖功能的程序模块没进行任何改动。更改后的软件在进行系统测试中无法完成原有的调平起竖功能。

2）问题原因：调平起竖的程序模块中有如下语句：

else if(…)/＊调平起竖?/

{

……

}

else if(…)/＊其他功能＊/

这里的"?"编码是"FB 2A"，是因为以前编程时使用了只支持单字节的编辑器，在进行汉字注释时由于修改注释，只删除了一个字节，使被删除汉字的残留字节"FB"与原先的注释结束符"＊"的 ASCII 码"2A"被合成视为一无法显示的字符"FB 2A"以"?"显示。

此软件之前使用的编辑器是认这里的"? /"为有效注释结束符的。但在试验现场，软件人员使用了随意下载的其他编辑器修改了其他处而另存后，"? /"的编码发生了变化而不再认为是有效的注释结束符了，由此导致调平起竖功能的代码被注释掉了。

13.5　指针使用

C/C++语言的指针使用应执行 GJB 8114—2013 中的相关规定。

13.6　多余物的处理

1）软件多余物包括文档中的多余物、程序文件的多余物、程序代码的多余物等，多余物应及时予以清除。

2）程序代码中的多余物有显式多余物和隐式多余物。

　　a）显式多余物包括多余变量、多余模块、多余宏定义等，通常在静态分析予以发现。

　　b）隐式多余物包括多余的处理逻辑、多余的分支判断等，通常需要代码审查或结构测试予以发现。

　　c）对出于维护性、扩展性考虑而保留的多余代码，应予以明确注释，并充分分析以保证对软件正常功能无影响。

　　d）软件运行过程中产生的垃圾（如垃圾内存、垃圾文件等）也可视为广义的软件多余物，通常在软件动态测试中予以发现并修改。

第 14 章　代码验证

14.1　一般要求

安全关键软件必须进行静态测试，应包括代码审查、代码走查、程序度量、规则检查、静态分析，其中静态分析应包括控制流分析、数据流分析、接口分析、中断分析、时序分析。

14.2　代码逻辑

代码逻辑分析通常在静态分析的控制流分析中进行。

14.3　代码数据

代码数据分析通常在静态分析的数据流分析中进行。

14.4　代码接口

代码接口分析通常在静态分析的接口分析中进行。

14.5　未使用代码

静态分析工具可有效报告多余模块、多余变量，规则检查工具可有效报告无用语句、无效语句。

14.6　中断使用

1）认真检查"第 7 章 中断设计"中的所有设计要求是否都落实到位了。

2）中断的使用给软件带来了随机性，动态的测试验证往往无法保证充分性，静态的中断专项分析往往是非常有效的方法。

✏️ 思考题

某软件在主程序中通过外部中断接收上级的参数装定指令。参数装定共有 N 套装定方案，其中，0 号装定方案为初始方案，在上级指令到达之前软件每周期均执行 0 号装定方案。

下面有三种程序实现方法，试问：哪种方法存在缺陷？

```
        unsigned int ParaCom = 0;　//来自外部中断
        unsigned int ParaBak = 0;
方法 1：
        if(ParaCom ! = ParaBak || ParaBak = = 0)
        {
            SystemSet(ParaCom);　//参数装定
            ParaBak = ParaCom;
        }
方法 2：
        if(ParaCom ! = ParaBak || ParaBak = = 0)
        {
            ParaBak = ParaCom;
            SystemSet(ParaCom);　//参数装定
        }
方法 3：
        if(ParaCom ! = ParaBak || ParaBak = = 0)
        {
            ParaBak = ParaCom;
            SystemSet(ParaBak);　//参数装定
        }
```

注：本思考题的背景是，上级发出了 4 号装定方案的指令，但软件未予执行，整个系统始终处于初始方案状态。

14.7　代码审查

1）代码审查应是人工阅读代码的结果，可以借助辅助工具予以辅助分析，但不应以工具扫描结果作为代码审查结果。

2）代码审查的内容包括：

　　a）程序代码的控制流程、数据处理是否满足设计要求。

　　b）程序代码的编程语言使用是否正确、规范、安全、可靠。

　　c）程序代码是否满足软件可靠性安全性设计准则的相关要求。

3）代码审查应建立代码审查单，依据使用语言、软件特点，细化代码审查内容。

🖉 思考题
....

温度电阻采样时，电阻阻值与温度的对照表由 139 个严格单调上升的阻值 R 组成，第

1 个阻值 $R[0]$ 对应 $-49°$，第 139 个阻值 $R[138]$ 对应 $89°$，第 k 个阻值 $R[k]$ 对应 $(-49+k)°$，$k=0$，1，2，…，138。

参数检测记录仪采集温度电阻的阻值，再通过阻值与温度的对照表，采用二分法找到最接近的阻值区间后进行插值，得到温度值。

二分法算法的程序代码如下：

```
Line1：    double Find_Temp_Value(double Res_Value)
Line2：    {
Line3：      int i, j, N;
Line4：      double temp, re_value;
Line5：      i=1;
Line6：      j=137;
Line7：      if((Res_Value > RefTable[0]) & & (Res_Value < RefTable[138])){
Line8：        while(1){
Line9：          if(i= =j){
Line10：            if(Res_Value < RefTable[i]){
Line11：              temp=(RefTable[i]-RefTable[i-1])/100;
Line12：              N=(int)((Res_Value-RefTable[i-1])/ temp);
Line13：              re_value=i-50+N * 0.01;
Line14：            } else {
Line15：              temp=(RefTable[i+1]-RefTable[i])/100;
Line16：              N=(int)((Res_Value-RefTable[i])/ temp);
Line17：              re_value=i-49+N * 0.01;
Line18：            }
Line19：            break;
Line20：          }
Line21：          if(Res_Value= =RefTable[(i+j)/2]){
Line22：            re_value=i-49 ;
Line23：            break;
Line24：          } else if( Res_Value < RefTable[(i+j)/2]){
Line25：            j=(i+j)/2-1;
Line26：          } else {
Line27：            i=(i+j)/2+1;
Line28：          }
Line29：        }
Line30：      } else {
Line31：        re_value=0xffff;
Line32：      }
Line33：      return re_value;
Line34：    }
```

试问：程序代码中是否存在缺陷？

注：本思考题的背景是；发射箱低温试验中，发射箱参数检测记录仪显示的数据异常，并出现软件复位。

14.8　定时、吞吐量和规模

在静态测试中就应开展容量测试、余量测试的部分工作，并为动态测试中的容量测试、余量测试、强度测试做好充分准备。

注1：容量测试。

1）应对时间容量、空间容量、传输容量、能力容量进行测试：

  a）针对具有时间约束要求的功能，应测试出正常条件下实际执行的最大时间。

  b）针对具有空间约束要求的功能，应测试出正常条件下实际占用的最大空间。

  c）针对外部通信接口，应测试出正常条件下实际传输的最大时间、传输的最大数据量。

  d）针对软件功能的处理能力，如处理目标数等，应测试出正常条件下处理的最大能力。

2）容量测试应在性能测试的基础上进行，应执行性能测试的相关要求。

注2：余量测试。

1）应对时间余量、空间余量、传输余量进行测试：

  a）针对具有时间约束要求的功能，应测试出实际执行时间相对于时间约束要求的余量。

  b）针对具有空间约束要求的功能，应测试出实际占用空间相对于空间约束要求的余量。

  c）针对外部通信接口，应测试出实际传输时间、传输数据量相对于硬件配置能力的余量。

2）如无明确特殊要求，一般应有20％以上的余量。

3）余量测试应在容量测试的基础上进行，应先容量测试再余量测试。

第 15 章　软件工程中可靠性安全性的一般要求

15.1　软件安全性等级的确定

具体要求如下：

1）软件安全性等级参照 GJB/Z 102A—2012 附录 A 的确定方法进行确定。

2）在系统需求分析阶段或系统设计阶段，完成软件安全性等级的确定。

3）软件安全性等级由系统总体、软件任务提出方、软件研制承制方、军方代表等共同确定。

4）确定的软件安全性等级纳入型号软件产品配套表并正式行文发布。

5）A、B 级软件为安全关键软件，软件工程化应强化对安全关键软件的管理要求与技术要求。

15.2　软件可靠性安全性的系统需求

具体要求如下：

1）软件所属系统应在系统的故障模式及影响分析中确定软件的系统级故障模式。

2）软件所属系统应在软件的系统设计阶段提交软件的系统级故障模式分析结果。

3）软件系统级故障模式的防范处理措施，应视为软件的安全关键功能纳入软件研制任务书。

4）在软件所属系统的系统设计中，应对软件提出可靠性安全性定性或定量的明确要求。

15.3　软件资源环境的保障

具体要求如下：

1）软件可靠性安全性对运行环境的特殊要求，应在软件研制任务书中明确规定。

2）严禁在不符合规定或不配套的软件开发环境中进行编辑编译生成可执行代码。

3）软件运行的数据记录要求：

　　a）软件应具有运行过程中关键信息的数据记录功能。

　　b）数据记录应保证对软件运行的时间性能无影响。

　　c）数据记录应保证对软件运行的系统资源无影响。

　　d）系统故障时，数据记录应能辅助定位至故障模式。

　　e）推荐使用独立的数据记录外部设备进行数据记录。

15.4　程序代码的度量指标

具体要求如下：

1）模块的平均圈复杂度不大于 10。

2）模块圈复杂度大于 20 的比例不大于 20%。

3）模块最大圈复杂度不大于 80。

4）源程序的总注释率不小于 20%。

5）模块的平均规模不大于 200 行。

15.5　软件的需求分析

在需求分析阶段，具体要求如下：

1）依据软件可靠性安全性的系统需求，将系统需求落实到软件的具体功能定义之中。

2）应确定并标识软件的安全关键功能，针对安全关键功能应提出安全保证措施要求。

3）软件的功能定义应以 WWH 进行明确，即做什么（What）、何时做（When）、如何做（How）。

15.6　外部接口的分析

在需求分析阶段，具体要求如下：

1）根据传输速率及传输周期的分析结果，明确通信超时处理的要求。

2）根据通信干扰模式及传输误码率的分析结果，明确通信异常处理的要求。

3）根据与外部硬件动作相关的 I/O 信号电气特性的分析结果，明确必要的延时处理的要求。

4）根据外部中断优先级及发生频率的分析结果，明确误中断、漏中断的防范及处理的要求。

5）根据对 AD/DA 的有效位及转换方式的分析结果，明确精度保障、限幅保护等措施的要求。

6）根据对内部与外部同时读写的存储单元读写周期的分析结果，明确防范读写冲突的要求。

15.7　通信协议的分析

具体要求如下：

1）对控制字段的定义进行分析：

　　a）依据系统特征定义控制字段，控制字段应具有唯一标识。

　　b）同一系统特征的各状态宜在同一控制字段之中进行定义。

c）同一系统特征的各控制字段应显式说明其所属系统特征。

2）对控制字段的状态位进行分析：

a）对无意义位应予以明确定义，无意义位在正常通信过程中不应被设置或使用。

b）无效位对软件而言是有意义位，在正常通信过程中是可能出现的，不应与无意义位混淆。

c）状态位的 0 值宜默认为初始状态位，如果是非 0 值为初始状态位，应明确说明。

3）对数值数据字段的定义进行分析：

a）应明确是有符号还是无符号数据，如果有符号，应明确是二进制补码，还是原码。

b）应明确最小量化单位（LSB），二分之一的 LSB 精度为该数据的内部计算精度要求。

c）应计算出数值能达到的最大区间范围，此范围应涵盖该数据的最大有效物理范围。

15.8　接口数据的容错

具体要求如下：

1）对通信协议中有明确物理范围的关键数据进行合理性检查。

2）对外界因素可能导致输入错误的数据，在接收数据的原始端进行合理性检查。

3）对内部处理可能导致输出错误的数据，在结果数据的形成处进行合理性检查。

4）对周期性外部输入的状态类异常数据，根据实际情况推荐采取如下处理方式：

a）放弃当前周期外部输入状态的异常值，维持前一周期外部输入状态的正常值。

b）放弃当前周期外部输入状态的异常值，根据其他相关信息辅助判定当前状态。

5）对周期性外部输入的数值类异常数据，根据实际情况推荐采取如下处理方式：

a）修正当前周期外部输入数据的异常值，进行限幅处理。

b）放弃当前周期外部输入数据的异常值，以前一周期正常值替代。

c）放弃当前周期外部输入数据的异常值，用前若干周期正常值进行外推。

15.9　容错软件的设计

容错软件设计应依据容错内容保证各版本之间的独立性和相异性。对操作系统容错，则通过不同操作系统独立运行的多版本进行容错；对编程语言容错，则通过不同语言程序独立运行的多版本进行容错；对程序设计人员容错，则通过背靠背的独立开发形成多版本进行容错。

设计结构主要包括：

1）N -版本程序设计结构（N Version Programming，NVP），如图 15 - 1 所示。

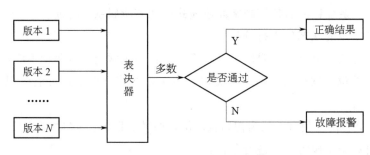

图 15-1　NVP 的基本结构

2）恢复块结构（Recovery Block，RB），如图 15-2 所示。

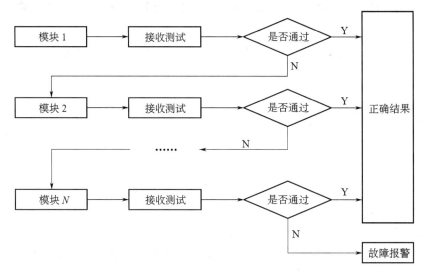

图 15-2　RB 的基本结构

15.10　软件文件结构的设计

具体要求如下：

1）源程序文件名应采用标准的后缀，程序文件后缀应遵循开发环境的规定要求。

2）源程序文件名应采用具有明确含义的由字母、数字、下画线组成的文件名，不应以中文名或全角字符命名文件名，在 DOS 等环境下的文件名不得超出 8 个字符。

3）源程序文件以文件中源程序代码的功能内容合理划分，文件长度建议控制在 2000 行以内，同时避免过多零散的小文件。对规模比较大的软件，由于源程序文件较多，应采取适当的目录层次结构存放源程序文件。

15.11　软件程序结构的设计

具体要求如下：

　　1）依据软件需求分析中的软件功能分解结果，设计软件的程序模块集合。软件功能与程序模块的对应关系，可以是一一对应的，也可以是一对多对应的，也可以是多对一对应的，具体采取何种设计方式，应经过设计分析选择最优方案。

　　2）设计程序模块之间的调用关系，调用关系分为直接显式调用关系和消息信号量调用关系。直接显式调用的模块，应分析模块调用层次。消息信号量调用的任务或进程，应进行时序关系图的特殊分析，特别是异步并发条件下资源使用是否冲突的专项分析。

　　3）针对嵌入式软件中使用的中断响应服务模块，应经过分析给出允许或禁止中断嵌套的明确设计要求，凡能避免的中断嵌套应避免使用，实属必要的中断嵌套应进行可靠性和安全性的专项分析。对不能被中断打断的程序代码段，应采用先禁止中断，执行完对应的程序代码段后再允许中断，相应要求应在设计文档中明确规定。

15.12　软件程序模块的设计

　　具体要求如下：

　　1）程序模块的定义应以功能内聚性为前提，尽量降低与其他程序模块的内容耦合度。

　　2）程序模块应明确所有输入输出项，包括通过调用参数方式实现的输入输出和通过引用或修改全局变量方式实现的输入输出。对调用参数方式和全局变量方式的应进行权衡分析。

　　3）程序模块应明确所有输入输出变量的含义、类型和有效范围，对于实际使用中可能出现输入变量越界的程序模块，在模块入口处应进行输入变量的有效范围判定。

　　4）对于执行中可能出现异常情况的程序模块，应设计执行的状态返回值，以通知该程序模块的调用者进行相应的异常处理措施。

15.13　软件数据结构的设计

　　具体要求如下：

　　1）全局变量设计：

　　　　a）选取在软件处理中广泛使用的变量定义为全局变量，不应滥用全局变量。

　　　　b）谨慎使用限于程序文件内共享的静态变量，如属必要，应明确说明必要性及其用途。

　　　　c）全局变量的定义应统一存放于一个特定的头文件之中，或存放于主程序文件之中。

　　　　d）全局变量的物理含义应保证在软件运行过程中始终唯一。

　　　　e）应设计变量初始化模块统一对所有全局变量强制初始化。

　　2）结构和联合设计：

　　　　a）对一类需统一处理的变量集合，应使用结构（struct）将其封装。

　　b）谨慎使用联合（union），应保证所联合的字节长度相等。

　　c）结构和联合中的元素，应确保存储地址的连续性。

3）宏定义设计：

　　a）一些常量、接口地址、存储地址等应使用宏定义，宏定义应使用大写字母。

　　b）应在统一的头文件中进行定义，不应分散在不同文件中对同一宏重复定义。

　　c）谨慎使用类似函数的宏定义，如属必要，宏参数和运算结果应使用括号。

4）数据库设计：

应形成数据字典和 ER 图（Entity Relationship Diagram，实体联系图），数据字典至少应包含每个字段的字段名、类型、范围、主键（Primary Key）、外键（Foreign Key）的定义以及必要的字段说明。

15.14　程序处理流程的设计

具体要求如下：

1）不应出现条件判别无限死循环，为防无限死循环的最大循环次数，应进行充分的论证与分析。

2）针对中断、任务、进程等异步并发过程，应对时序、优先级、共享资源使用等进行专项分析。

3）基于软件故障模式及影响分析的结果，流程图中对应于故障模式的异常处理分支，应以如图 15-3 所示的特殊图符在流程图中予以明确标注。

图 15-3　故障模式的图符

注：含有故障模式的程序流程图示例如图 15-4 所示。

15.15　程序编程的代码实现

具体要求如下：

1）变量命名应完整、准确、易懂。

2）采用规范的编写风格进行编程。

3）使用软件编程环境提供的标准编辑器编写代码。

4）程序代码应保证编译器在最严格警告级别条件下无警告地通过编译。

5）应在规定的安全子集范围内进行编程。

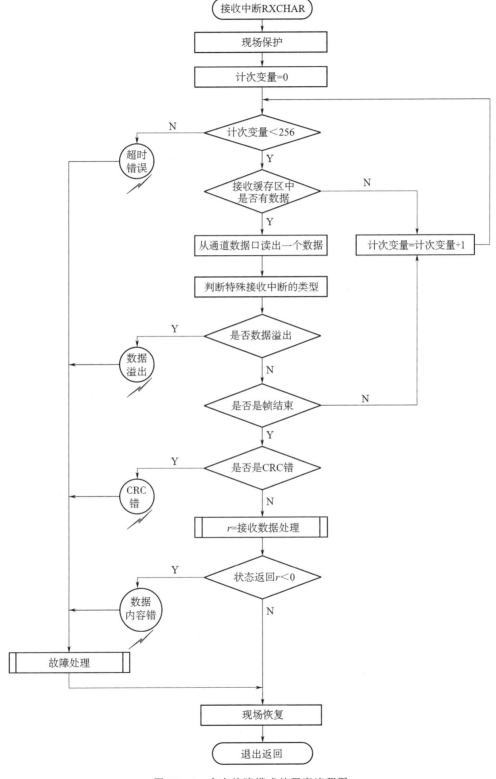

图 15 - 4　含有故障模式的程序流程图

附录 A 典型案例：软件异常退出的技术分析

A.1 概述

A.1.1 故障现象

某型号在总检查过程中，软件运行时弹出"Runtime Error!"对话框，点击"确认"按钮，软件异常退出。

A.1.2 软件概述

本软件接收数据，收到数据后向发送方回送接收确认应答，如果发送方在 200 ms 后未收到接收确认应答，将会进行重发，最大重发次数为 5 次。

7eH 作为帧头帧尾标志，当其余数据中出现 7eH 时，按照转义规则做链路转义处理，并有 CRC 校验。本分析报告忽略转义处理和 CRC 校验。

通信格式约定为：

A.1.3 技术分析概述

本技术分析的基本过程为：

第一部分，分析为什么会出现通信数据异常。

第二部分，分析通信数据异常为什么会导致软件陷入死循环。

第三部分，分析软件陷入死循环为什么会导致软件内存消耗殆尽。

第四部分，经验与教训。

A.2 第一部分：通信数据异常的技术分析

> 技术分析结论摘要：
>
> 在软件运行过程中，由于进行了卸载 rier 硬盘的操作而抢占了该软件的运行时间，导致该软件无法及时读取串口 FIFO 缓存区数据，致使 FIFO 缓存区溢出，导致丢失数据帧，造成通信数据异常。

A.2.1 故障机理

该软件的运行环境为 Windows 2000 操作系统，该软件中串口板监测线程 MyReceiveFunc() 的监测周期是 10 ms。在软件运行过程中，由于进行了卸载 rier 硬盘的操作而抢占了该软件的运行时间，导致该软件无法及时读取串口 FIFO 缓存区数据，致使 FIFO 缓存区溢出，导致丢失数据帧，造成通信数据异常。

A.2.2 故障影响

要保证通信正常，通信中丢失数据帧的持续时间不能超过 1 s，如果超过 1 s，软件的任何容错措施都是无效的。记录数据显示，实际通信过程中丢失了长达 4 s 的数据，所以软件故障是次生现象，即使软件无故障，对通信正常数据的恢复也无能为力。

A.3 第二部分：软件陷入死循环的技术分析

技术分析结论摘要：

在处理由于异常通信数据造成的连续 7e 时，当找到了帧头 7e 而未发现帧尾 7e 时，处理算法的代码实现中遗忘了将数据个数变量 m_datanumber_buffer 加 1，由此导致异常通信数据满足一定条件时软件陷入死循环。

A.3.1 软件数据接收算法

软件采用 Windows 2000 操作系统，使用 VC++6.0 进行开发。

1) MyReceiveFunc()：串口板监测线程。

2) ReadAsFrame()：从接收缓冲区中解析出数据帧。

3) unsigned char m_buffer[LENGTH_READBUFFER]：串口接收数据缓存区环形数组。

4) unsigned int m_pw_buffer：接收数据缓存区首指针。

5) unsigned int m_datanumber_buffer：接收数据缓存区数据个数。

6) unsigned int m_num_7e：接收数据缓存区中 7e 个数。

MyReceiveFunc() 的流程图如图 A-1 所示，ReadAsFrame() 的流程图如图 A-2 和图 A-3 所示。

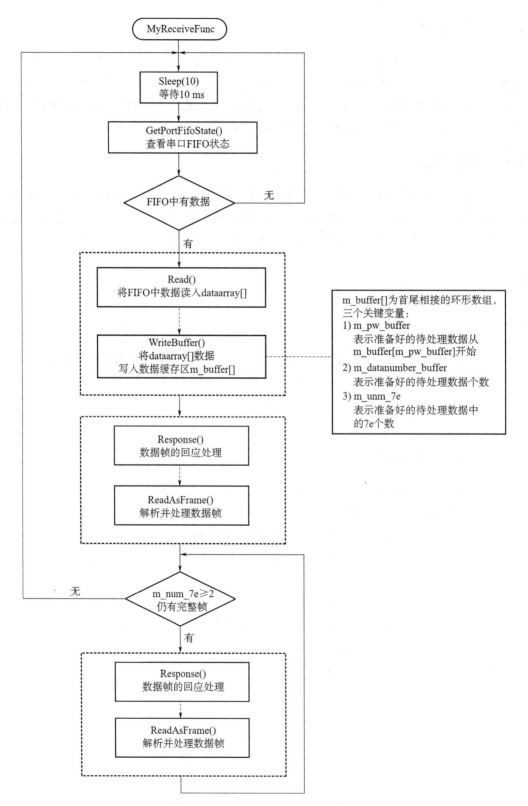

图 A-1　MyReceiveFunc()的流程图

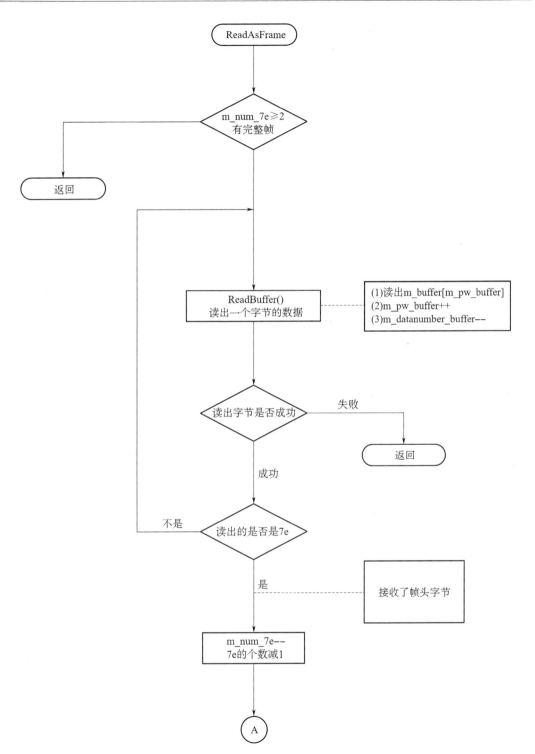

图 A-2 ReadAsFrame()的流程图

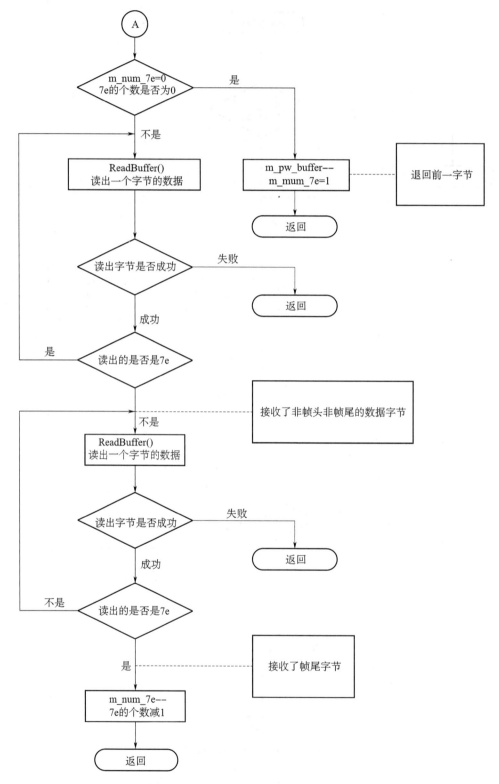

图 A - 3　ReadAsFrame()的流程图（续）

A.3.2 故障复现实验

（1）完整帧一次打入串口接收缓冲区

①测试用例：正常帧

0x7e	1	1	1	1	1	1	0x7e
0x7e	2	2	2	2	2	2	0x7e
...	...	...	...	...	...	...	...
0x7e	k	k	k	k	k	k	0x7e
...	...	...	...	...	...	...	...

1）运行结果：正常。

2）结论：通过。

②测试用例：丢帧头

0x7e	1	1	1	1	1	1	0x7e
0x7e	2	2	2	2	2	2	0x7e
3	3	3	3	3	3	0x7e	
0x7e	4	4	4	4	4	4	0x7e
...	...	...	...	...	...	...	...
0x7e	k	k	k	k	k	k	0x7e
...	...	...	...	...	...	...	...

1）运行结果：丢帧头的数据帧丢弃，后续正常接收。

2）结论：通过。

③测试用例：丢帧尾

0x7e	1	1	1	1	1	1	0x7e
0x7e	2	2	2	2	2	2	0x7e
0x7e	3	3	3	3	3	3	
0x7e	4	4	4	4	4	4	0x7e
...	...	...	...	...	...	...	...
0x7e	k	k	k	k	k	k	0x7e
...	...	...	...	...	...	...	...

1）运行结果：第 3 帧丢帧尾等价于第 4 帧丢帧头，第 4 帧数据丢弃，后续正常接收。

2）结论：通过。

（2）完整帧分次打入串口接收缓冲区

①测试用例：正常帧

0x7e	1	1	1
1	1	1	0x7e
0x7e	2	2	2
2	2	2	0x7e
...	...	...	...
0x7e	k	k	k
k	k	k	0x7e
...	...	...	...

```
7e 1 1 1 1 1 1 7e 7e 2 2 2 2 2 2 7e 7e 3 3 3 3 3 3 7e 7e 4 4 4 4 4 4 7e 7e 5 5
5 5 5 5 7e 7e 6 6 6 6 6 6 7e 7e 7 7 7 7 7 7 7e 7e 8 8 8 8 8 8 7e 7e 9 9 9 9 9 9
7e 7e 10 10 10 10 10 10 7e 7e 11 11 11 11 11 11 7e 7e 12 12 12 12 12 12 7e 7e 13
```

1）运行结果：正常。

2）结论：通过。

②测试用例：丢帧头

0x7e	1	1	1
1	1	1	0x7e
2	2	2	
2	2	2	0x7e
0x7e	3	3	3
3	3	3	0x7e
...	...	...	...
0x7e	k	k	k
k	k	k	0x7e
...	...	...	...

```
7e 1 1 1 1 1 1 7e 7e 7e 3 3 3 3 3 3 7e 7e 4 4 4 4 7e 7e 5 5 5 5 7e 7e 6 6 6 7
e 7e 7 7 7 7e 7e 8 8 8 7e 7e 9 9 9 7e 7e 10 10 10 7e 7e 11 11 7e 7e 12 12 12
7e 7e 13 13 13 7e 7e 14 14 14 7e 7e 15 15 15 7e 7e 16 16 16 7e 7e 17 17 17 7e 7e
18 18 18 7e 7e 19 19 19 7e 7e 20 20 20 7e 7e 21 21 21 7e 7e 22 22 22 7e 7e 23 2
3 23 7e 7e 24 24 24 7e 7e 25 25 25 7e 7e 26 26 27 27 27 7e 7e 28 28 28
```

1）运行结果：丢帧头的数据帧丢弃，下一帧正常接收后，后续帧接收异常，但并不陷入死循环。

2）结论：数据有问题，但不陷入死循环。

③测试用例：丢帧尾

0x7e	1	1	1
1	1	1	0x7e
0x7e	2	2	2
2	2	2	
0x7e	3	3	3
3	3	3	0x7e
...	...	...	...
0x7e	k	k	k
k	k	k	0x7e
...	...	...	...

```
7e 1 1 1 1 1 7e 7e 2 2 2 2 2 2 7e 7e 7e 4 4 4 4 4 4 7e 7e 5 5 5 5 5 7e 7e 6 6
6 6 7e 7e 7 7 7 7 7e 7e 8 8 8 7e 7e 9 9 9 7e 7e 10 10 10 7e 7e 11 11 11 7e 7e 12
12 12 7e 7e 13 13 13 7e 7e 14 14 14 7e 7e 15 15 15 7e 7e 16 16 16 7e 7e 17 17 17
7e 7e 18 18 18 7e 7e 19 19 19 7e 7e 20 20 20 7e 7e 21 21 21 7e 7e 22 22 22 7e 7e
7e 23 23 23 7e 7e 24 24 24 7e 7e 25 25 25 7e 7e 26 26 26 7e 7e 27 27 27 7e 7e 28
```

1）运行结果：第 2 帧丢帧尾等价于第 3 帧丢帧头，第 3 帧数据丢弃，下一帧正常接收后，后续帧接收异常，但并不陷入死循环。

2）结论：数据有问题，但不陷入死循环。

④测试用例：先丢帧头，后丢帧尾

0x7e	1	1	1
1	1	1	0x7e
2	2	2	
2	2	2	
0x7e	3	3	3
3	3	3	0x7e
...	...	...	...
0x7e	k	k	k
k	k	k	0x7e

```
7e 1 1 1 1 1 7e 7e 3 3 3 3 3 3 7e 7e 4 4 4 4 4 7e 7e 5 5 5 5 5 7e 7e 6 6
6 6 7e 7e 7 7 7 7 7e 7e 8 8 8 8 7e 7e 9 9 9 7e 7e 10 10 10 10
10 10 7e 7e 11 11 11 11 7e 7e 12 12 12 12 7e 7e 13 13 13 13 13 7e
7e 14 14 14 14 14 7e 7e 15 15 15 15 7e 7e 16 16 16 16 16 7e 7e 17 1
7 17 17 17 7e 7e 18 18 18 18 18 7e 7e 19 19 19 19 19 7e 7e 20 20 20 20
```

1）运行结果：丢帧头帧尾的第 2 帧数据丢弃，后续正常接收。

2）结论：通过。

⑤测试用例：先丢帧尾，后丢帧头

0x7e	1	1	1
1	1	1	0x7e
0x7e	2	2	2
2	2	2	
3	3	3	
3	3	3	0x7e
...	...	...	...
0x7e	k	k	k
k	k	k	0x7e
...	...	...	...

```
7e 1 1 1 1 1 7e 7e 2 2 2 2 2 3 3 3 3 3 3 7e 7e 4 4 4 4 4 7e 7e 5 5 5 5 5
5 7e 7e 6 6 6 6 7e 7e 7 7 7 7 7 7e 7e 8 8 8 8 8 7e 7e 9 9 9 9 9 7e 7e
10 10 10 10 10 10 7e 7e 11 11 11 11 11 11 7e 7e 12 12 12 12 12 7e 7e 13 13 13
13 13 13 7e 7e 14 14 14 14 14 7e 7e 15 15 15 15 15 7e 7e 16 16 16 16 16 7e
7e 17 17 17 17 7e 7e 18 18 18 18 18 7e 7e 19 19 19 19 19 7e 7e
```

1）运行结果：丢帧尾的第 2 帧和丢帧头的第 3 帧合成了一个数据帧，后续正常接收。

2）结论：通过。

⑥测试用例：先丢帧尾，后紧接丢一正常数据

0x7e	1	1	1
1	1	1	0x7e
0x7e	2	2	2
2	2	2	
0x7e	3	3	
3	3	3	0x7e
...	...	...	...
0x7e	k	k	k
k	k	k	0x7e
...	...	...	...

```
7e 1 1 1 1 1 7e 7e 2 2 2 2 2 7e 7e 7e 4 4 4 4 4 7e 7e 5 5 5 5 5 7e 7e 6 6
6 6 7e 7e 7 7 7 7e 7e 8 8 8 7e 7e 9 9 9 7e 7e 10 10 10 7e 7e 11 11 11 7e 7e
12 12 7e 7e 13 13 13 7e 7e 14 14 14 7e 7e 15 15 15 7e 7e 16 16 16 7e 7e 17 17 17
7e 7e 18 18 18 7e 7e 19 19 19 7e 7e 20 20 20 7e 7e 21 21 21 7e 7e 22 22 22 7e 7
e 23 23 23 7e 7e 24 24 24 7e 7e 25 25 25 7e 7e 26 26 26 7e 7e 27 27 27 7e 7e 28
```

1）运行结果：第 2 帧丢帧尾等价于第 3 帧丢帧头，第 3 帧数据丢弃，第 4 帧正常接收后，后续帧接收异常，但并不陷入死循环。

2）结论：数据有问题，但不陷入死循环。

⑦测试用例：先丢帧尾，后隔一帧丢一正常数据

0x7e	1	1	1
1	1	1	0x7e
0x7e	2	2	2
2	2	2	
0x7e	3	3	3
3	3	3	0x7e
0x7e	4	4	
4	4	4	0x7e
...	...	...	...
0x7e	k	k	k
k	k	k	0x7e
...	...	...	...

```
7e 1 1 1 1 1 7e 7e 2 2 2 2 2 7e 7e 4 4 4 4 4 7e 7e 5 5 5 5 5 7e 7e 6 6 6
6 7e 7e 7 7 7 7e 7e 8 8 8 7e 7e 9 9 9 7e 7e 10 10 10 7e 7e 11 11 11 7e 7e 12 12
12 7e 7e 13 13 13 7e 7e 14 14 14 7e 7e 15 15 15 7e 7e 16 16 16 7e 7e 17 17 17 7
e 7e 18 18 18 7e 7e 19 19 19 7e 7e 20 20 20 7e 7e 21 21 21 7e 7e 22 22 22 7e 7e
23 23 23 7e 7e 24 24 24 7e 7e 25 25 25 7e 7e 26 26 26 7e 7e 27 27 27 7e 7e 28 28
```

1）运行结果：第 2 帧丢帧尾等价于第 3 帧丢帧头，第 3 帧数据丢弃，从第 4 帧起，后续帧接收异常，但并不陷入死循环。

2）结论：数据有问题，但不陷入死循环。

⑧测试用例：先丢帧尾，后隔两帧丢一正常数据

0x7e	1	1	1
1	1	1	0x7e
0x7e	2	2	2
2	2	2	
0x7e	3	3	3
3	3	3	0x7e
0x7e	4	4	4
4	4	4	0x7e
0x7e	5	5	
5	5	5	0x7e
...	...	...	...
0x7e	k	k	k
k	k	k	0x7e
...	...	...	...

```
7e 1 1 1 1 1 7e 7e 2 2 2 2 2 2 7e 7e 7e 4 4 4 4 4 7e 7e 5 5 5 5 7e 7e 6 6
6 7e 7e 7 7 7 7e 7e 8 8 8 7e 7e 9 9 9 7e 7e 10 10 10 7e 7e 11 11 11 7e 7e 12 12
12 7e 7e 13 13 13 7e 7e 14 14 14 7e 7e 15 15 15 7e 7e 16 16 16 7e 7e 17 17 17
e 7e 18 18 18 7e 7e 19 19 19 7e 7e 20 20 20 7e 7e 21 21 21 7e 7e 22 22 22 7e 7e
23 23 23 7e 7e 24 24 24 7e 7e 25 25 25 7e 7e 26 26 26 7e 7e 27 27 27 7e 7e 28 28
```

1）运行结果：第 2 帧丢帧尾等价于第 3 帧丢帧头，第 3 帧数据丢弃，第 4 帧正常接收后，从第 5 帧起，后续帧接收异常，但并不陷入死循环。

2）结论：数据有问题，但不陷入死循环。

⑨测试用例：先丢帧尾，后隔三帧丢一正常数据

0x7e	1	1	1
1	1	1	0x7e
0x7e	2	2	2
2	2	2	
0x7e	3	3	3
3	3	3	0x7e
0x7e	4	4	4
4	4	4	0x7e
0x7e	5	5	5
5	5	5	0x7e
0x7e	6	6	
6	6	6	0x7e
...	...	...	...
0x7e	k	k	k
k	k	k	0x7e
...	...	...	...

```
7e 1 1 1 1 1 7e 7e 2 2 2 2 2 2 7e 7e 7e 4 4 4 4 4 7e 7e 5 5 5 5 7e 7e 6 6
6 7e 7e 7 7 7 7e 7e 8 8 8 7e 7e 9 9 9 7e 7e 10 10 10 7e 7e 11 11 11 7e 7e 12 12
12 7e 7e 13 13 13 7e 7e 14 14 14 7e 7e 15 15 15 7e 7e 16 16 16 7e 7e 17 17 17
e 7e 18 18 18 7e 7e 19 19 19 7e 7e 20 20 20 7e 7e 21 21 21 7e 7e 22 22 22 7e 7e
23 23 23 7e 7e 24 24 24 7e 7e 25 25 25 7e 7e 26 26 26 7e 7e 27 27 27 7e 7e 28 28
```

1）运行结果：第 2 帧丢帧尾等价于第 3 帧丢帧头，第 3 帧数据丢弃，第 4 帧正常接收后，从第 5 帧起，后续帧接收异常，但并不陷入死循环。

2）结论：数据有问题，但不陷入死循环。

⑩测试用例：先丢帧尾，后隔四帧丢一正常数据

0x7e	1	1	1
1	1	1	0x7e
0x7e	2	2	2
2	2	2	
0x7e	3	3	3
3	3	3	0x7e
0x7e	4	4	4
4	4	4	0x7e
0x7e	5	5	5
5	5	5	0x7e
0x7e	6	6	6
6	6	6	0x7e
0x7e	7	7	
7	7	7	0x7e
…	…	…	…
0x7e	k	k	k
k	k	k	0x7e
…	…	…	…

```
7e 1 1 1 1 1 7e 7e 2 2 2 2 2 7e 7e 7e 4 4 4 4 4 7e 7e 5 5 5 5 5 7e 7e 6 6
6 6 7e 7e 7 7 7 7e 7e 7e 8 8 8 7e 7e 9 9 9 7e 7e 10 10 10 7e 7e 11 11 11 7e 7e 12
12 12 7e 7e 13 13 13 7e 7e 14 14 14 7e 7e 15 15 15 7e 7e 16 16 16 7e 7e 17 17 17
7e 7e 18 18 18 7e 7e 19 19 19 7e 7e 20 20 20 7e 7e 21 21 21 7e 7e 22 22 22 7e 7
7e 23 23 23 7e 7e 24 24 24 7e 7e 25 25 25 7e 7e 26 26 26 7e 7e 27 27 27 7e 7e 28
```

1）运行结果：第 2 帧丢帧尾等价于第 3 帧丢帧头，第 3 帧数据丢弃，第 4 帧正常接收后，从第 5 帧起，后续帧接收异常，但并不陷入死循环。

2）结论：数据有问题，但不陷入死循环。

⑪测试用例：先丢帧尾，后隔五帧丢一正常数据

0x7e	1	1	1
1	1	1	0x7e
0x7e	2	2	2
2	2	2	
0x7e	3	3	3
3	3	3	0x7e
0x7e	4	4	4
4	4	4	0x7e
0x7e	5	5	5
5	5	5	0x7e
0x7e	6	6	6
6	6	6	0x7e
0x7e	7	7	7
7	7	7	0x7e
0x7e	8	8	
8	8	8	0x7e
…	…	…	…
0x7e	k	k	k
k	k	k	0x7e
…	…	…	…

```
7e 1 1 1 1 1 7e 7e 2 2 2 2 2 2 7e 7e 7e 4 4 4 4 4 4 7e 7e 5 5 5 5 5 7e 7e 6 6
6 6 7e 7e 7 7 7
```

1）运行结果：第 2 帧丢帧尾等价于第 3 帧丢帧头，第 3 帧数据丢弃，第 4 帧正常接收后，从第 5 帧起，后续帧接收异常，直至第 7 帧时出现死循环。

2）结论：数据有问题，且陷入死循环。

（3）测试结论

1）正常通信情况下处理结果是正确的。

2）完整帧一次打入串口接收缓冲区时，如果出现丢帧头、丢帧尾的数据帧，处理结果是正确的。

3）完整帧分次打入串口接收缓冲区时，如果出现丢帧头、丢帧尾的数据帧：

　　a）一般情况下，只是处理结果有问题；

　　b）特殊情况下，将会导致陷入死循环。

结论：软件正常处理正确，异常处理不完善，极端情况会陷入死循环。

A.3.3　问题定位

软件陷入死循环源自于软件异常处理不完善：在处理连续 7e 时，如果找到了帧头 7e，但没发现帧尾 7e，则需要退回一字节以待下次有了帧尾 7e 再处理，而此时程序代码遗忘了将数据个数变量 m_datanumber_buffer 加 1。如图 A-4 所示为程序缺陷之处。

A.3.4　机理分析

（1）仅丢一次 7e 的情况

由于图 A-4 中的代码缺陷，如果出现一次丢失了 7e，有可能频繁持续出现连续 7e 的情况。例如：针对如下丢帧头的测试用例。

0x7e	1	1	1
1	1	1	0x7e
2	2	2	
2	2	2	0x7e
0x7e	3	3	3
3	3	3	0x7e
...	...	...	...
0x7e	k	k	k
k	k	k	0x7e
...	...	...	...

处理过程 1：▨ 为因丢帧头而丢弃的一帧数据，■ 为发现的连续 7e。

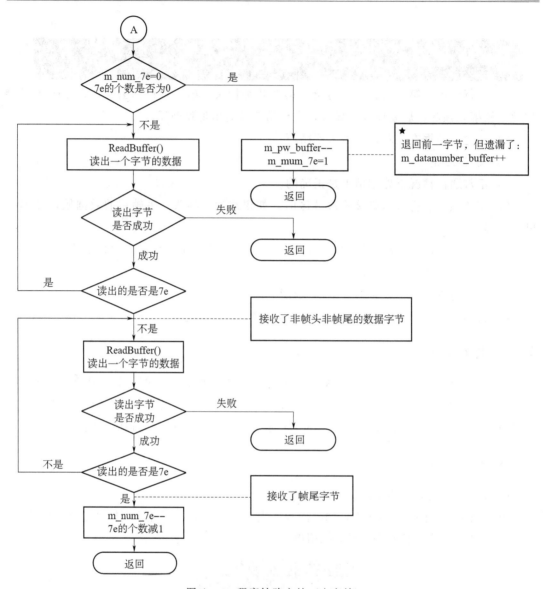

图 A-4　程序缺陷之处（★之处）

处理过程 2：处理连续 7e，□为 m_pw_buffer 和 m_datanumber_buffer＝3 所指示的待处理数据，■为丢失的待处理数据。

0x7e	1	1	1
1	1	1	0x7e
2	2	2	
2	2	2	0x7e
0x7e	3	3	3
3	3	3	0x7e
...	...	...	...
0x7e	k	k	k
k	k	k	0x7e
...	...	...	...

处理过程 3：□为处理了的数据，■为处理时丢失的数据。

0x7e	1	1	1
1	1	1	0x7e
2	2	2	
2	2	2	0x7e
0x7e	3	3	3
3	3	3	0x7e
...	...	...	...
0x7e	k	k	k
k	k	k	0x7e
...	...	...	...

处理过程 4：□为第 2 次发现的连续 7e。

0x7e	1	1	1
1	1	1	0x7e
2	2	2	
2	2	2	0x7e
0x7e	3	3	3
3	3	3	0x7e
0x7e	4	4	4
4	4	4	0x7e
...	...	...	...
0x7e	k	k	k
k	k	k	0x7e
...	...	...	...

处理过程 5：处理第 2 次发现的连续 7e，□为 m_pw_buffer 和 m_datanumber_buffer＝2 所指示的待处理数据，■为丢失的待处理数据。

0x7e	1	1	1
1	1	1	0x7e
2	2	2	
2	2	2	0x7e
0x7e	3	3	3
3	3	3	0x7e
0x7e	4	4	4
4	4	4	0x7e
...	...	...	...
0x7e	k	k	k
k	k	k	0x7e
...	...	...	...

处理过程 6：▨为处理了的数据，■为处理时丢失的数据。

0x7e	1	1	1
1	1	1	0x7e
2	2	2	
2	2	2	0x7e
0x7e	3	3	3
3	3	3	0x7e
0x7e	4	4	4
4	4	4	0x7e
...	...	...	...
0x7e	k	k	k
k	k	k	0x7e
...	...	...	...

处理过程 7：▨为第 3 次发现的连续 7e。

0x7e	1	1	1
1	1	1	0x7e
2	2	2	
2	2	2	0x7e
0x7e	3	3	3
3	3	3	0x7e
0x7e	4	4	4
4	4	4	0x7e
0x7e	5	5	5
5	5	5	0x7e
...	...	...	...
0x7e	k	k	k
k	k	k	0x7e
...	...	...	...

处理过程 8：处理第 3 次发现的连续 7e，▨为 m_pw_buffer 和 m_datanumber_buffer ＝1 所指示的待处理数据，■为丢失的待处理数据。

0x7e	1	1	1
1	1	1	0x7e
2	2	2	
2	2	2	0x7e
0x7e	3	3	3
3	3	3	0x7e
0x7e	4	4	4
4	4	4	0x7e
0x7e	5	5	5
5	5	5	0x7e
...	...	...	...
0x7e	k	k	k
k	k	k	0x7e
...	...	...	...

处理过程 9：▢为处理了的数据，■为处理时丢失的数据。

0x7e	1	1	1
1	1	1	0x7e
2	2	2	
2	2	2	0x7e
0x7e	3	3	3
3	3	3	0x7e
0x7e	4	4	4
4	4	4	0x7e
0x7e	5	5	5
5	5	5	0x7e
...	...	...	...
0x7e	k	k	k
k	k	k	0x7e
...	...	...	...

处理过程 10：▢为第 4 次发现的连续 7e。

0x7e	1	1	1
1	1	1	0x7e
2	2	2	
2	2	2	0x7e
0x7e	3	3	3
3	3	3	0x7e
0x7e	4	4	4
4	4	4	0x7e
0x7e	5	5	5
5	5	5	0x7e
0x7e	6	6	6
6	6	6	0x7e
...	...	...	...
0x7e	k	k	k
k	k	k	0x7e
...	...	...	...

处理过程 11：处理第 4 次发现的连续 7e，▨ 为 m_pw_buffer 所指示的待处理数据，但 m_datanumber_buffer 已为 0，■ 为丢失的待处理数据。

0x7e	1	1	1
1	1	1	0x7e
2	2	2	
2	2	2	0x7e
0x7e	3	3	3
3	3	3	0x7e
0x7e	4	4	4
4	4	4	0x7e
0x7e	5	5	5
5	5	5	0x7e
0x7e	6	6	6
6	6	6	0x7e
…	…	…	…
0x7e	k	k	k
k	k	k	0x7e

处理过程 12：▨ 为处理了的数据，■ 为处理时丢失的数据。

0x7e	1	1	1
1	1	1	0x7e
2	2	2	
2	2	2	0x7e
0x7e	3	3	3
3	3	3	0x7e
0x7e	4	4	4
4	4	4	0x7e
0x7e	5	5	5
5	5	5	0x7e
0x7e	6	6	6
6	6	6	0x7e
…	…	…	…
0x7e	k	k	k
k	k	k	0x7e
…	…	…	…

处理过程 13：▨ 为第 5 次发现的连续 7e。

0x7e	1	1	1
1	1	1	0x7e
2	2	2	
2	2	2	0x7e
0x7e	3	3	3
3	3	3	0x7e
0x7e	4	4	4
4	4	4	0x7e
0x7e	5	5	5
5	5	5	0x7e
0x7e	6	6	6
6	6	6	0x7e
0x7e	7	7	7
7	7	7	0x7e
...	...	...	...
0x7e	k	k	k
k	k	k	0x7e
...	...	...	...

处理过程 14：处理第 5 次发现的连续 7e，▢ 为 m_pw_buffer 所指示的待处理数据，但 m_datanumber_buffer 仍为 0，■ 为丢失的待处理数据。

0x7e	1	1	1
1	1	1	0x7e
2	2	2	
2	2	2	0x7e
0x7e	3	3	3
3	3	3	0x7e
0x7e	4	4	4
4	4	4	0x7e
0x7e	5	5	5
5	5	5	0x7e
0x7e	6	6	6
6	6	6	0x7e
0x7e	7	7	7
7	7	7	0x7e
...	...	...	...
0x7e	k	k	k
k	k	k	0x7e
...	...	...	...

处理过程 15：▢ 为处理了的数据，■ 为处理时丢失的数据。

0x7e	1	1	1
1	1	1	0x7e
2	2	2	
2	2	2	0x7e
0x7e	3	3	3
3	3	3	0x7e
0x7e	4	4	4
4	4	4	0x7e
0x7e	5	5	5
5	5	5	0x7e
0x7e	6	6	6
6	6	6	0x7e
0x7e	7	7	7
7	7	7	0x7e
...	...	...	...
0x7e	k	k	k
k	k	k	0x7e
...	...	...	...

以后总是如此，所以运行结果是：

```
7e 1 1 1 1 1 7e 7e 7e 3 3 3 3 3 7e 7e 4 4 4 4 4 7e 7e 5 5 5 5 7e 7e 6 6 6 7
7e 7e 7 7 7 7e 7e 8 8 8 7e 7e 9 9 9 7e 7e 10 10 10 7e 7e 11 11 11 7e 7e 12 12 12
7e 7e 13 13 13 7e 7e 14 14 14 7e 7e 15 15 15 7e 7e 16 16 16 7e 7e 17 17 17 7e 7e
18 18 18 7e 7e 19 19 19 7e 7e 20 20 20 7e 7e 21 21 21 7e 7e 22 22 22 7e 7e 23 2
3 23 7e 7e 24 24 24 7e 7e 25 25 25 7e 7e 26 26 26 7e 7e 27 27 7e 7e 28 28 28
```

（2）丢一次 7e 后，累计丢失数据个数大于后续读入含 7e 的数据个数

如果丢一次 7e 后，累计丢失数据个数大于后续读入含 7e 的数据个数，此时将读不到 7e，7e 个数维持在大于等于 2，在 MyReceiveFunc()中导致再次进入 ReadAsFrame()中，而此时由于 m_datanumber_buffer 已为 0，未读出数据即返回，返回后由于 7e 个数未变而再次进入，循环往复导致死循环。例如，针对先丢帧尾，后隔五帧丢一正常数据的测试用例：

0x7e	1	1	1
1	1	1	0x7e
0x7e	2	2	2
2	2	2	
0x7e	3	3	3
3	3	3	0x7e
...	...	...	...
0x7e	7	7	7
7	7	7	0x7e
0x7e	8	8	
8	8	8	0x7e
...	...	...	...
0x7e	k	k	k
k	k	k	0x7e
...	...	...	...

处理过程 16：继续上述处理过程 15，■为新进入 FIFO 的数据，▨为读入接收数据

缓存区的数据，■为读不到的 7e，此时，m_num_7e 为 2，m_datanumber_buffer 为 0。

0x7e	1	1	1
1	1	1	0x7e
2	2	2	
2	2	2	0x7e
0x7e	3	3	3
3	3	3	0x7e
…	…	…	…
0x7e	7	7	7
7	7	7	0x7e
0x7e	8	8	
8	8	8	0x7e
…	…	…	…
0x7e	k	k	k
k	k	k	0x7e
…	…	…	…

A.4　第三部分：软件内存消耗殆尽的技术分析

技术分析结论摘要：

当软件陷入死循环时，Response() 函数被无休止地反复调用，由于 Response() 函数中存在约 1 kB 的内存泄漏，所以内存泄漏被无休止地积累，最终导致内存消耗殆尽，系统弹出"Runtime Error!"对话框，点击"确认"按钮，软件异常退出。

A.4.1　代码缺陷

软件的 Response() 函数中申请了 COMDATA 类型的内存空间：

```
COMDATA * pdata = new COMDATA;
```

COMDATA 类型为自定义的数据结构，大小约 1 kB。

Response() 函数在返回时没有及时使用 delete 语句释放申请的内存空间，造成每执行一次 Response() 函数，就吃掉了约 1 kB 的系统内存。

A.4.2　故障机理

在正常通信情况下，由于系统内存数百兆字节，且通信次数不多，吃掉的系统内存有限，所以不至于造成软件故障。

然而，一旦软件陷入死循环（参见图 A-5 和图 A-6），由于在循环中反复调用 Response() 函数，导致内存泄漏被无休止地积累，最终造成内存消耗殆尽。

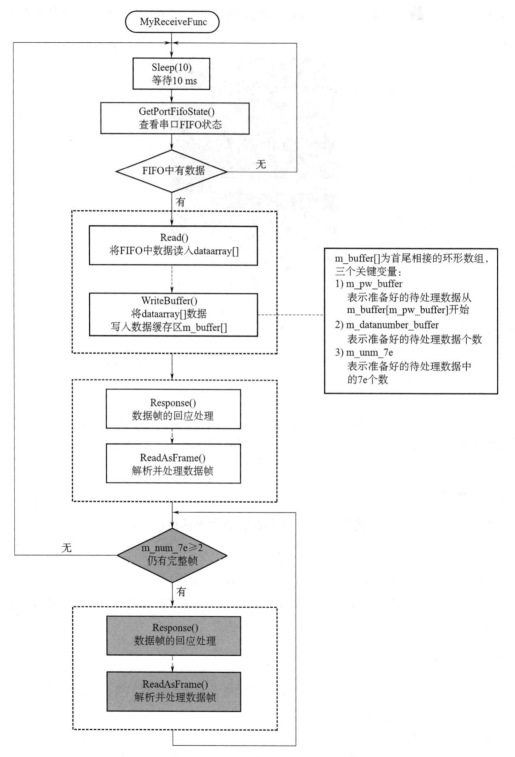

图 A - 5　死循环时的 MyReceiveFunc()

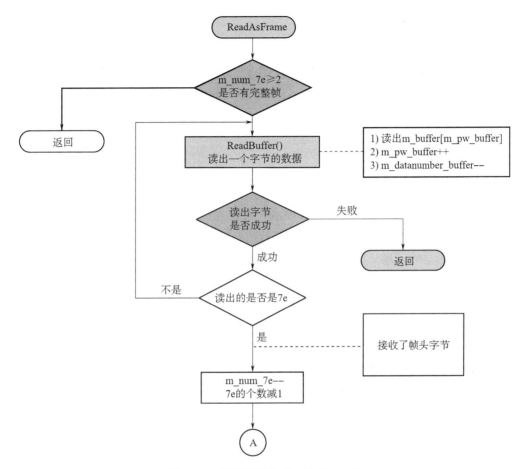

图 A-6 死循环时的 ReadAsFrame()

A.5 第四部分：经验与教训

软件可靠性安全性设计必须遵循如下设计准则：

1) 软件运行过程中，禁止进行可能影响软件时间特性的无必要额外操作。

2) Windows 操作系统中的实时软件，应采用屏蔽无关进程误运行的措施。

3) 接口通信必须进行故障模式及影响分析，识别出通信异常的各种模式。

4) 针对识别出的所有通信异常模式，必须进行通信接口安全性专项测试。

5) 软件单元测试的语句覆盖、分支覆盖，必须强化结果正确性条件判别。

6) 实时嵌入式软件应避免使用动态内存，如实属必要，用完后必须释放。

附录 B 软件可靠性安全性设计全视角知识系统

B.1 引言

软件可靠性安全性是软件的重要质量特性，特别是对于武器型号软件，软件可靠性安全性是最受关注的质量特性，各种分析方法、设计方法、测试方法的理论研究成果很多，但在实际工程应用中遇到了许多实际问题。目前，武器型号软件大多以强化软件可靠性安全性设计准则为主线开展工作，然而设计准则只是软件可靠性安全性多面体的一个侧面，如果没有其他侧面的辅助，实际效果往往差强人意。实际工程中遇到的突出问题有：

1）"纸上谈兵"：强化 GJB/Z 102A—2012 的工程实施，如果没有软件可靠性安全性多面体的其他侧面相辅助，往往形同"纸上谈兵"。

2）"重蹈覆辙"：如果不将发生过的典型软件故障纳入软件可靠性安全性知识体系，则软件问题往往会重复出现，总在"重蹈覆辙"。

3）"盲人摸象"：软件可靠性安全性的知识和要求比较多，如果仅从一个角度去理解，往往具有局限性和片面性，形同"盲人摸象"。

在实际工程中，迫切需要从多个侧面全方位去理解软件可靠性安全性的相关知识和要求。由此，本文提出了以设计准则、故障模式、缺陷模式、典型案例、演示示例五个视角组成的软件可靠性安全性设计全视角知识系统，通过视角间的相互关联索引，构成了立体的全方位的知识体系。

B.2 全视角的知识系统

软件可靠性安全性设计全视角知识系统是由软件的设计准则、故障模式、缺陷模式、典型案例、演示示例五个视角组成的。

B.2.1 设计准则视角

设计准则视角观察的是软件可靠性安全性的设计要求，例如，国家军用标准 GJB/Z 102A—2012《军用软件安全性设计指南》、中国航天科工集团有限公司企业标准 Q/QJB 218—2013《型号软件可靠性安全性设计准则》等。通过设计准则视角，我们能知道软件可靠性安全性设计的具体要求是什么。

例如，航天型号软件可靠性安全性设计准则有：

（1）配合硬件或系统设计的考虑事项

1）嵌入式系统掉电防护的设计。

2）嵌入式系统加电自检的设计。

3）嵌入式系统抗电磁干扰的设计。

4）……

（2）容错和容失效的设计

1）软件安全关键功能的冗余设计。

2）防漏与防误的混联冗余设计。

3）软件的故障/失效检测、隔离和恢复设计。

4）……

（3）接口设计

1）与硬件相关的接口软件设计。

    a）软件检测中的硬件反馈回路设计。

    b）软件对接口的监测与控制设计。

    c）软件安全关键信息冗余位的设计。

    d）……

2）软件程序模块之间的接口设计。

3）人机界面设计。

    a）人机交互显示界面的设计。

    b）人机接口（CHI）的设计。

    c）安全状态恢复的设计。

    d）……

（4）通信设计

1）通信协议的设计。

2）数据接收方的因素。

3）数据发送方的因素。

4）……

（5）数据安全性设计

1）应明确数值数据的合理取值范围。

2）数值运算中应防范数据溢出。

3）数值运算中的精度控制。

4）……

（6）中断设计

1）中断使用的一般原则。

2）中断的初始化、允许、禁止的注意事项。

3）谨慎使用中断嵌套。

4）……

（7）模块设计

1）模块单入口和单出口的设计。

2）模块高内聚低耦合的独立性设计。

3）模块的扇入扇出设计。

4）……

（8）定时、吞吐量和规模的余量设计

1）余量设计要求。

2）时序设计应综合考虑余量因素。

（9）防错设计

1）参数化统一标识的设计。

2）程序变量的设计。

3）安全关键信息的设计。

4）……

（10）自检查设计

1）看门狗的设计。

2）存储器自检的设计。

3）故障检测和故障隔离的设计。

4）……

（11）异常保护设计

1）基于异常情况的分析结果进行设计。

2）外购件、重用件异常保护措施的确认。

3）异常保护措施的设计。

B. 2. 2　故障模式视角

故障模式视角观察的是软件故障的外在表现形式，是外在表现的模式归类。国家军用标准 GJB/Z 1391—2006《故障模式、影响及危害性分析指南》中有嵌入式软件故障模式分析的工作要求。通过故障模式视角，我们能知道软件可靠性安全性不期望出现哪些现象。

例如，一些典型的软件故障模式有：

（1）数据文件操作的故障模式

1）错误的文件名或文件数。

2）文件没找到。

3）错误的文件模式。

4）……

（2）数值计算的故障模式

　　1）除法计算被零除。

　　2）对负数开平方根。

　　3）无法收敛的迭代。

　　4）……

　　（3）人机交互界面的故障模式

　　1）数值输入含非法字符。

　　2）关键操作未经过确认。

　　3）默认的操作处于危险状态。

　　4）……

　　（4）数据通信的故障模式

　　1）接收数据丢帧。

　　2）接收数据重帧。

　　3）数据校验出错。

　　4）……

B. 2. 3　缺陷模式视角

　　缺陷模式视角观察的是软件故障的内在原因机理，是内在原因的模式归类。软件缺陷模式通常涉及实现层，具有具体可查的特征，类似于软件测试中代码审查单的内容。通过缺陷模式视角，我们能知道软件故障是通过什么原因机理导致的。

　　例如，一些典型的软件缺陷模式有：

　　（1）内存泄漏缺陷模式

　　1）数组越界使用。

　　2）C 语言使用 malloc 后未及时 free。

　　3）C++语言使用 new 后未及时 delete。

　　4）……

　　（2）程序陷入死循环缺陷模式

　　1）C/C++语言 while 语句中的条件永远不满足。

　　2）C/C++语言 for 循环中修改了循环控制变量。

　　3）……

　　（3）计算精度损失缺陷模式

　　1）浮点数向下取整未进行四舍五入。

　　2）C/C++语言对浮点数取绝对值使用了 abs 函数，而不是 fabs 函数。

　　3）C/C++语言用 float 型变量进行特大数加减特小数的运算。

　　4）……

B. 2. 4　典型案例视角

　　典型案例视角观察的是违背设计准则而导致软件故障的典型案例。典型案例视角是设计准则视角的反面教材，是教训的积累。

例如，软件典型案例有：

1）发控检测软件异常退出。

2）惯导系统对准异常。

3）助推器未点火。

4）多普勒雷达测速未锁定。

5）定位解算数据时间超前。

6）发控软件报命令帧数据长度错误。

7）测试设备显示惯导修正状态异常。

8）星模加电命令未响应。

9）显控台网络通信故障。

10）计算机虚报发射机故障。

11）地测软件瞄准角计算数据错误。

12）惯性测量装置角增量超差。

13）电视双处理器板报故障。

14）电控液压系统起竖异常。

15）……

B.2.5　演示示例视角

演示示例视角观察的是应该如何遵循设计准则要求的成功示例。演示示例视角是设计准则视角的正面教材，是宝贵经验的积累。

例如，一些典型的软件演示示例有：

1）人机交互误操作的防范。

2）异常计算的防范。

3）看门狗的目的性。

4）避免潜在的死循环。

5）函数调用返回的设计。

6）最小量化单位（LSB）的设计。

7）计算精度与LSB的关系。

8）双口RAM读写冲突的防范。

9）……

B.3　视角间的相互关联索引

各视角之间的相互关联索引关系是软件可靠性安全性设计全视角知识系统的重要价值体现，是充分全面深入理解软件可靠性安全性设计知识的有效手段。

B.3.1　主视角和辅视角的关联索引

从设计准则、典型案例、故障模式、缺陷模式、演示示例中选定一个视角进行观察，称此视角为主视角，其余四个视角称为辅视角。主视角是我们观察的主体，辅视角为主视角提供辅助理解的支持。

（1）设计准则作为主视角，观察一个设计准则时

1）通过典型案例辅视角知道违背了此设计准则会造成怎样的严重后果。

2）通过故障模式辅视角知道此设计准则涉及了哪些故障现象。

3）通过缺陷模式辅视角知道此设计准则溯源于哪些缺陷原因。

4）通过演示示例辅视角知道要遵循此设计准则应该怎样去做。

（2）典型案例作为主视角，观察一个典型案例时

1）通过设计准则辅视角知道此典型案例违背了哪些设计准则。

2）通过故障模式辅视角知道此典型案例涉及了哪些故障现象。

3）通过缺陷模式辅视角知道此典型案例溯源于哪些缺陷原因。

4）通过演示示例辅视角知道要避免此典型案例应该怎样去做。

（3）故障模式作为主视角，观察一个故障模式时

1）通过设计准则辅视角知道要避免此故障模式应遵循哪些设计准则。

2）通过缺陷模式辅视角知道此故障模式溯源于哪些缺陷原因。

3）通过典型案例辅视角知道此故障模式会造成怎样的严重后果。

4）通过演示示例辅视角知道要避免此故障模式应该怎样去做。

（4）缺陷模式作为主视角，观察一个缺陷模式时

1）通过设计准则辅视角知道要避免此缺陷模式应遵循哪些设计准则。

2）通过故障模式辅视角知道此缺陷模式会导致哪些故障现象。

3）通过典型案例辅视角知道此缺陷模式会造成怎样的严重后果。

4）通过演示示例辅视角知道要避免此缺陷模式应该怎样去做。

（5）演示示例作为主视角，观察一个演示示例时

1）通过设计准则辅视角知道此演示示例遵循了哪些设计准则。

2）通过典型案例辅视角知道此演示示例避免了哪些严重后果。

3）通过故障模式辅视角知道此演示示例避免了哪些故障现象。

4）通过缺陷模式辅视角知道此演示示例排除了哪些具体缺陷。

B.3.2　内视角关联索引和外视角关联索引

不同视角之间的关联索引称为外视角关联索引，主视角和辅视角的关联索引属于外视角关联索引。同视角内不同条款之间的关联索引称内视角关联索引。

例如，设计准则的内视角关联索引，设计准则视角中有一条款"GJB/Z 102A—2012 5.3.2 b）加电检测"，此条款与设计准则视角中的另一条款"Q/QJB 218—2013 5.1 a）故

障检测"相关，则"Q/QJB 218—2013 5.1 a）故障检测"称为"GJB/Z 102A—2012 5.3.2 b）加电检测"的内视角关联索引。

B.3.3　双目凝视的观察方式

双目凝视的观察方式实际上是一种全视角知识系统的应用方式，左目对视角 A 进行观察，从中筛选出与具体工程项目相关的视角 A 的条款集以及通过外关联索引确定的视角 B 的条款集；右目对视角 B 进行观察，从中筛选出与具体工程项目相关的视角 B 的条款集以及通过外关联索引确定的视角 A 的条款集。最终通过左目与右目的融合凝视，确定出与具体工程项目相关的视角 A 的条款集和视角 B 的条款集。

B.4　全视角知识系统辅助工具介绍

航天软件评测中心研制开发了"软件可靠性安全性设计全视角知识系统"的辅助工具，该辅助工具的工作界面如图 B-1 所示。

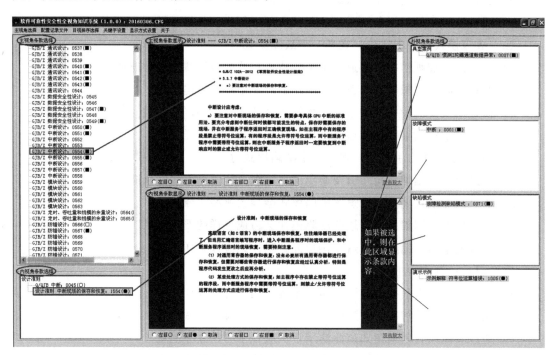

图 B-1　"软件可靠性安全性设计全视角知识系统"的辅助工具工作界面

该辅助工具可以从"设计准则"、"典型案例"、"故障模式"、"缺陷模式"、"演示示例"五个视角中任选一个作为主视角。例如，选择"设计准则"为主视角的工作界面如图 B-1 所示。选定主视角后，通过内视角、外视角与主视角的关联索引，辅助对主视角条款的理解掌握。通过左目凝视和右目凝视的标识，标记出与具体工程项目相关的所有条款。这些标识出的相关条款就是在实际具体工程中需要强制落实、检查验证的工程具体要求。

B.5　结　论

　　开展好软件可靠性安全性设计工作，需要知道：软件设计有哪些具体要求（体现在设计准则视角），实际工程有哪些深刻教训（体现在典型案例视角），软件问题有哪些表现形式（体现在故障模式视角），软件问题有哪些原因机理（体现在缺陷模式视角），软件设计有哪些成功经验（体现在演示示例视角）。各视角彼此相互关联，构成软件可靠性安全性多面体的全貌，以此开展软件可靠性安全性设计工作，是解决工程实际问题的有效方法。

附录 C　软件可靠性量化指标评估

C.1　软件可靠性指标验证

软件可靠性是指软件在使用环境下无故障运行的能力。

考核指标是指在使用环境下软件无故障运行至规定的使用强度。

使用强度是指用户在使用环境下对软件的使用已充分到何种程度的一种度量，是一个初值为零、严格递增、趋于无穷的变量，记为［使用强度］，其值越大表示使用越充分。使用充分性通常有时间和状态两个维度，使用了充分长的时间和使用覆盖了充分多的状态，都是反映使用是否充分的度量：

1）针对时间型软件，以运行时间为充分性特点，如长周期运行的通信交换机软件、卫星星载软件等，［使用强度］一般取为运行时间，如运行小时数。

2）针对任务型软件，以状态覆盖为充分性特点，如指挥控制软件、发射控制软件等，［使用强度］一般取为状态覆盖。状态多不易全覆盖的，可取为平均状态覆盖次数；状态不多容易全覆盖的，可取为最小状态覆盖次数。

指标验证的含义是：在使用环境或模拟使用环境下监测［使用强度］，当软件无故障运行至规定的［使用强度］时，即为达到了规定的考核指标；如果尚未达到考核指标时出现了软件故障，进行定位与排除，修改软件后，［使用强度］重新计量，继续验证，直至软件无故障运行至规定的［使用强度］为止。当由于时间进度等其他客观原因难以实际运行至满足指标要求时，可以采用软件可靠性评估模型进行评估。实际运行达到的指标为评价结论，模型评估达到的指标为评估结论。

C.2　软件可靠性评估模型

C.2.1　基本假设

（1）评估模型的基本假设

1）每一次故障都是由一个错误引起的。

2）故障发生时间是相互独立的。

3）故障一旦发生，则立即投入查错，并及时得到改正。

4）改错不会引入新的错误。

（2）评估模型的数据要求

评估对象故障暴露时的［使用强度］序列，用 q_i 表示第 i 个故障暴露时的［使用强度〕$(i=1,2,\cdots,n)$。

（3）评估模型的评估指标

距离下一个故障出现的〔使用强度〕间隔，用 Δq 表示。

C.2.2 Jelinski – Moranda 模型

（1）基本假设

故障发生率与剩余错误的个数成正比。

（2）评估参数

1）初始错误总数 N。

2）单位故障发生率 Φ。

（3）模型描述

设第 i 个故障暴露时刻 q_i，$i=1,2,\cdots,n$，则在 $[q_{i-1},q_i)$ 间的故障率为常数 $\lambda_i = \Phi(N-(i-1))$。

Φ 和 N 的最大似然估计满足

$$\begin{cases} \displaystyle\sum_{i=1}^{n}\frac{1}{N-i+1} = \frac{n\displaystyle\sum_{i=1}^{n}\Delta q_i}{N\displaystyle\sum_{i=1}^{n}\Delta q_i - \displaystyle\sum_{i=1}^{n}(i-1)\Delta q_i} \\[4mm] \Phi = \dfrac{n}{N\displaystyle\sum_{i=1}^{n}\Delta q_i - \displaystyle\sum_{i=1}^{n}(i-1)\Delta q_i} \\[4mm] \Delta q_i = q_i - q_{i-1}, q_0 = 0 \end{cases}$$

（4）模型约束

Jelinski – Moranda 模型存在多组解，当

1）$P \leqslant \dfrac{n-1}{2}$，或（$P > \dfrac{n-1}{2}$ 且 $\displaystyle\sum_{i=1}^{n}\frac{1}{n-(i-1)} - \frac{n}{n-P} \leqslant 0$）时无合理解。

2）$P > \dfrac{n-1}{2}$ 且 $\displaystyle\sum_{i=1}^{n}\frac{1}{n-(i-1)} - \frac{n}{n-P} > 0$ 时有唯一合理解。

其中，$P = \dfrac{\displaystyle\sum_{i=1}^{n}(i-1)(q_i-q_{i-1})}{q_n}$。

（5）评估指标

下一故障的间隔区间 $\Delta q = 1/\lambda_{n+1}$。

C.2.3 修改的 Schneidewind 模型

（1）基本假设

故障发生率满足指数下降。

（2）评估参数

1）初始故障发生率 α 。

2）指数下降的比例因子 β 。

（3）模型描述

设第 i 个故障暴露时刻 q_i，$i=1,2,\cdots,n$，则在 $[q_{i-1},q_i)$ 间的故障率为常数 $\lambda_i = \alpha e^{-\beta q_{i-1}}$ 。

α 和 β 的最大似然估计满足：

$$\begin{cases} \dfrac{n}{\alpha} = \sum_{i=1}^{n} e^{-\beta q_{i-1}}(q_i - q_{i-1}) = 0 \\ -\sum_{i=1}^{n} q_{i-1} + \alpha \sum_{i=1}^{n} q_{i-1} e^{-\beta q_{i-1}}(q_i - q_{i-1}) = 0 \end{cases}$$

（4）模型约束

修改的 Schneidewind 模型存在唯一解，$P \leqslant 0$ 时唯一解是合理解，$P > 0$ 时唯一解不是合理解，其中

$$P = \sum_{i=1}^{n} \left(\sum_{j=1}^{n} q_{j-1} - n q_{i-1} \right)(q_i - q_{i-1})$$

（5）评估指标

下一故障的间隔区间 $\Delta q = 1/\lambda_{n+1}$ 。

C.2.4　Moranda 模型

（1）基本假设

故障发生率呈几何下降。

（2）评估参数

1）初始故障发生率 D 。

2）故障发生率几何下降的比例常数 k 。

（3）模型描述

设第 i 个故障暴露时刻 q_i，$i=1,2,\cdots,n$，则在 $[q_{i-1},q_i)$ 间的故障率为常数 $\lambda_i = Dk^{i-1}$ 。

D 和 k 的最大似然估计满足

$$\begin{cases} \dfrac{\sum_{i=1}^{n}(i-1)k^{i-1}\Delta q_i}{\sum_{i=1}^{n} k^{i-1}\Delta q_i} = \dfrac{n-1}{2} \\ D = \dfrac{n}{\sum_{i=1}^{n} k^{i-1}\Delta q_i} \\ \Delta q_i = q_i - q_{i-1}, q_0 = 0 \end{cases}$$

（4）模型约束

Moranda 模型存在唯一解，$P \geqslant 0$ 时唯一解是合理解，$P < 0$ 时唯一解不是合理解，其中

$$P = \sum_{i=1}^{n}(i-1)(q_i - q_{i-1}) - \frac{n-1}{2}q_n$$

（5）评估指标

下一故障的间隔区间 $\Delta q = 1/\lambda_{n+1}$。

C. 2. 5　Goel‑Okumoto（NHPP）模型

（1）基本假设

单位时间内故障的平均个数与剩余错误成正比。

（2）评估参数

1）初始错误总数 a。

2）错误发现率 b。

（3）模型描述

设第 i 个故障暴露时刻 q_i，$i = 1，2，\cdots，n$，由基本假设得出故障平均函数

$$m(q) = a(1 - e^{-bq})$$

a 和 b 的最大似然估计满足

$$\begin{cases} a = \dfrac{n}{1 - e^{-bq_n}} \\ \dfrac{n}{b} = aq_n e^{-bq_n} + \sum_{i=1}^{n} q_i \end{cases}$$

（4）模型约束

当 $P \geqslant 1/2$ 时无解，$P < 1/2$ 时有唯一解（合理），其中 $P = \sum_{i=1}^{n} q_i / (nq_n)$。

（5）评估指标

下一故障的间隔区间 Δq 满足方程 $m(q_n + \Delta q) - m(q_n) = 1$，由此解出 Δq。

C. 2. 6　Yamada‑Ohba‑Osaki 模型

（1）基本假设

故障暴露数的增长是 S 形的，即开始增长缓慢，然后快速增长，最后趋于饱和。

（2）评估参数

1）初始错误总数 a。

2）稳定状态下的错误发现率 b。

（3）模型描述

设第 i 个故障暴露时刻 q_i，$i = 1，2，\cdots，n$，由基本假设得出故障平均函数

$$m(q) = a[1 - (1 + bq)e^{-bq}]$$

a 和 b 的最大似然估计满足

$$
\begin{cases}
\dfrac{n}{a} = 1 - (1 + bq_n)\mathrm{e}^{-bq_n} \\[2mm]
\dfrac{2n}{b} = \displaystyle\sum_{i=1}^{n} q_i + abq_n^2\mathrm{e}^{-bq_n}
\end{cases}
$$

（4）模型约束

当 $P \geqslant 2/3$ 时无解，$P < 2/3$ 时有唯一解（合理），其中 $P = \displaystyle\sum_{i=1}^{n} q_i/(nq_n)$。

（5）评估指标

下一故障的间隔区间 Δq 满足方程 $m(q_n + \Delta q) - m(q_n) = 1$，由此解出 Δq。

C.3　评估模型的选择

设现在已有 n 个故障数据，用前 $n-1$ 个数据预测第 n 个数据，将第 n 个数据的预测值与实际值的差记为 $e(n)$；同理，用前 $n-2$ 个数据预测第 $n-1$ 个数据，将第 $n-1$ 个数据的预测值与实际值的差记为 $e(n-1)$；如此，假设做到用前 $n-m$ 个数据预测第 $n-m+1$ 个数据，将第 $n-m+1$ 个数据的预测值与实际值的差为 $e(n-m+1)$，将 m 个 $e(i)$ 的绝对值加权和作为模型的预测误差系数 $E(q)$，$E(q)$ 越小的模型越适用。

$$
E(q) = \frac{\displaystyle\sum_{i=1}^{m}(|e(n-i+1)|/i)}{\displaystyle\sum_{i=1}^{m}(1/i)}
$$

C.4　软件可靠性评估工具

C.4.1　PRET 工具简介

"基于故障统计的产品使用可靠性评估模型（PRET 5.0 版）"是航天软件评测中心宋晓秋博士主持研制开发的产品使用可靠性评估辅助工具。PRET 工具提供了五个可靠性评估模型：Jelinski - Moranda 模型、修改的 Schneidewind 模型、Moranda 模型、Goel - Okumoto（NHPP）模型、Yamada - Ohba - Osaki 模型。

PRET 工具将软件可靠性评估拓展为产品使用可靠性评估：将软件可靠性评估中的"软件"均替换为"软硬件产品"，可以用来评估软硬件产品在用户使用环境下无故障工作（运行）的能力。

C.4.2　应用示例

（1）［问题示例 1］

产品甲在可靠性试验中使用强度选为工作时间，单位是小时。

可靠性试验的过程为：

1）计时开始。

2）产品使用至 18 小时出现了故障，对产品进行了修改，继续试验。

3）产品使用至 35 小时出现了故障，对产品进行了修改，继续试验。

4）产品使用至 57 小时出现了故障，对产品进行了修改，继续试验。

5）产品使用至 83 小时出现了故障，对产品进行了修改，继续试验。

6）产品使用至 103 小时出现了故障，对产品进行了修改，继续试验。

7）产品使用至 146 小时出现了故障，对产品进行了修改，继续试验。

8）产品使用至 184 小时出现了故障，对产品进行了修改。

此时问：该产品的无故障使用强度（工作时间）是多少？当前失效率是多少？当前可靠度是多少？

（2）［问题示例 2］

产品乙具有 500 个工作状态，产品工作一次，有些工作状态会被覆盖，被覆盖的工作状态记为覆盖一次。产品再工作一次，则有些工作状态被覆盖了两次、有些是一次、有些是零次。产品持续工作，则所有工作状态都有自己的覆盖次数。

可靠性试验中使用强度选为 500 个工作状态中覆盖次数最少的次数。

可靠性试验的过程为：

1）计时开始。

2）产品使用至 18 次数出现了故障，对产品进行了修改，继续试验。

3）产品使用至 35 次数出现了故障，对产品进行了修改，继续试验。

4）产品使用至 57 次数出现了故障，对产品进行了修改，继续试验。

5）产品使用至 83 次数出现了故障，对产品进行了修改，继续试验。

6）产品使用至 103 次数出现了故障，对产品进行了修改，继续试验。

7）产品使用至 146 次数出现了故障，对产品进行了修改，继续试验。

8）产品使用至 184 次数出现了故障，对产品进行了修改。

此时问：该产品的无故障使用强度（状态覆盖最少次数）是多少？当前失效率是多少？当前可靠度是多少？

C.4.3 示例问题的求解

1）无论是［问题示例 1］还是［问题示例 2］，其故障数据为故障暴露时的［使用强度］序列值，即：18、35、57、83、103、146、184。

2）准备好如图 C-1 所示的"问题示例.txt"文本文件。

3）打开 PRET 所在目录，运行 PRET5.0.exe。

4）载入"问题示例.txt"文件进行分析，如图 C-2 所示。

5）运行后的分析结果如图 C-3 所示。

至此，［问题示例］的问题得到了解决，无故障运行使用强度为 45.1943，当前故障率为 0.0221，当前可靠度为 0.9781。

图 C-1　"问题示例.txt"文本文件

图 C-2　载入"问题示例.txt"文件进行分析

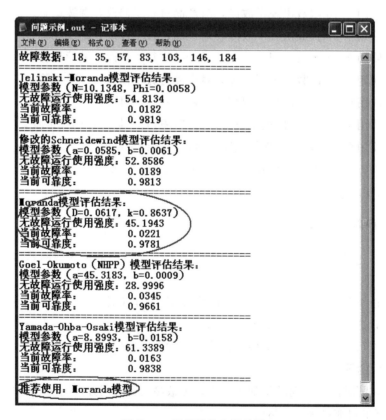

图 C-3　运行后的分析结果

参 考 文 献

［1］ GJB/Z 102A—2012，军用软件安全性设计指南［S］. 中国人民解放军总装备部，2012.

［2］ GJB 8114—2013，C/C＋＋语言编程安全子集［S］. 中国人民解放军总装备部，2013.

［3］ QJ 3027A—2016，航天型号软件测试规范［S］. 国家国防科技工业局，2016.

［4］ Q/QJB 218—2013，型号软件可靠性安全性设计准则［S］. 中国航天科工集团公司，2013.

［5］ 何国伟. 软件可靠性［M］. 北京：国防工业出版社，1998.